河南省高等学校重点科研项目计划资助（16A460020）

华北水利水电大学高层次人才科研启动项目资助（201531）

基于多物理场耦合的插装型锥阀可视化研究

◎郑淑娟 / 著

中国水利水电出版社

www.waterpub.com.cn

·北京·

内 容 提 要

液压阀相关的科学问题，各类型液压阀的流量特性，作用在阀芯上液动力的大小和方向，液动力对阀工作可靠性、操作灵活性和动静态特性的影响，内部流场的可视化计算等，一直是流体传动与控制技术领域中的基础研究问题，也是发展高性能液压控制阀必须解决的关键问题。本书主要采用数值模拟技术对插装型锥阀的特性进行分析研究，实用性强，通用性高，实例丰富，是基于作者多年来的研究与应用成果编写而成。

本书适用于机械类专业从业人员，特别是液压元件的研发、制造人员，也可供高等院校有关专业的师生参考阅读，对其他相关专业的工程技术人员也有一定的参考价值。

图书在版编目（CIP）数据

基于多物理场耦合的插装型锥阀可视化研究 / 郑淑娟著. --北京：中国水利水电出版社，2018.8 （2024.8重印）
ISBN 978-7-5170-6801-3

Ⅰ. ①基… Ⅱ. ①郑… Ⅲ. ①插装式阀 – 液压控制阀 – 研究 Ⅳ. ①TH137.52

中国版本图书馆 CIP 数据核字（2018）第 202143 号

责任编辑：陈 洁　　　封面设计：王 伟

书　　名	基于多物理场耦合的插装型锥阀可视化研究 JIYU DUOWULICHANG OUHE DE CHAZHUANGXING ZHUIFA KESHIHUA YANJIU
作　　者	郑淑娟 著
出版发行	中国水利水电出版社
	（北京市海淀区玉渊潭南路 1 号 D 座 100038）
	网址：www. waterpub. com. cn
	E-mail：mchannel@ 263. net （万水）
	sales@ waterpub. com. cn
	电话：（010） 68367658 （营销中心）、82562819 （万水）
经　　售	全国各地新华书店和相关出版物销售网点
排　　版	北京万水电子信息有限公司
印　　刷	三河市兴国印务有限公司
规　　格	170mm×240mm　16 开本　12.25印张　219 千字
版　　次	2018 年 11 月第 1 版　2024 年 8 月第 3 次印刷
印　　数	0001－2000 册
定　　价	49.00元

凡购买我社图书，如有缺页、倒页、脱页的，本社营销中心负责调换

前　言

　　社会需求是推动技术发展的强大动力。液压技术飞速发展，要求液压系统满足高压力、大流量，但体积小、重量轻，且高精度、高效率，液压插装阀技术在此形势下应运而生，二通插装阀的出现将液压技术的发展提高到了一个崭新的阶段。在某些应用场合，插装阀是提高生产力和竞争力的唯一选择。

　　液压阀相关的科学问题，各类型液压阀的流量特性，作用在阀芯上液动力的大小和方向，液动力对阀工作可靠性、操作灵活性和动静态特性的影响，内部流场的可视化计算等，一直是流体传动与控制技术领域中的基础研究问题，也是发展高性能液压控制阀必须解决的关键问题。

　　本书主要采用数值模拟技术对插装型锥阀的特性进行分析研究，共分五章。第 1 章，系统地回顾了液压阀的研究进展。第 2 章将数值模拟计算中的计算模型进行了概述。第 3 章是针对锥阀过流断面的计算。阀芯带锥但锥面不完整的锥台形锥阀和阀座带锥锥阀在计算流量时采用按完整锥面锥阀导出的过流面积计算公式会造成计算误差。从过流断面的定义出发，利用 CFD 流场可视化技术对锥阀的流场进行深入细致地研究分析，找出了其在整个大行程范围内不同开口度时的过流断面位置，并给出了理论计算公式。第 4 章是对锥阀液动力计算公式的修正。阀芯开口度大时，锥台形锥阀和阀座带锥锥阀过流断面的位置和计算发生变化，传统的理论公式对其液动力的计算也不再适用。液动力本质上是由流体运动所造成的阀芯壁面压力分布发生变化而产生的，故从流场分析入手，获得阀芯底部压力分布值，将压力相对作用面积积分，得到其液动力值，并细化流场信息得知液动力产生的机理。为了便于工程实际使用，对于不同阀口形式锥阀，内外流工况不同时，选取不同的控制体积。根据动量定理推导出的相应的计算公式，最终给出了不同流动方向下阀口全行程时的液动力特性。锥阀进出口压差相同，进出口压力值低时，阀内流动状态变为两相流，与单相流的流动特征不同。但传统的液动力计算公式中，液动力与进出口压力差值成正比，与进出口压力值的大小无关，故不再适用。根据对阀内流场进行的两相流模拟仿真，对传统公式进行修正，推导出了适用于两相流状态下液动力的计算公式。第 5 章进行了插装阀液固热耦合分析，分析阀套和阀芯变形对于节流口过流面积及阀套阀芯间配合间隙的影响。首先根据液压阀流体流动过程的传热特点，对液流流动过程流场、温度场进行数值模拟，得到整个锥阀固体、液体区域内详细的温度场分布规律，最后给出热应力和液压力共同作用下的阀套阀芯变形量。在一定程度上可科学估算变形量对阀套阀芯配合间隙及阀口特性的影响，从而为阀套阀芯设计提供可供参考的依据。

由于作者水平有限，本书不足之处在所难免，恳请广大读者批评指正。

作　者
2018 年 4 月

目 录

第 1 章　引言

1.1　二通插装阀发展历程

　　液压阀作为流体传动与控制技术领域中最核心的控制元件，其性能的好坏直接影响整个系统性能的优劣和主机技术的先进性。社会需求永远是推动技术发展的强大动力，在大力发展装备制造业、发展先进制造技术的大背景下，在液压技术飞速发展，压力、流量不断提高，而要求体积、重量不断减小，提高精度，提高效率，降低噪声等形势下，液压阀在其功能品种与连接形式上不断更新换代，应运而生的液压插装阀技术在新的世纪仍将有着不可替代的优势，有着广阔的发展空间。

　　二通插装阀控制技术中主要采用座阀结构，其源自古老的水压传动。20 世纪 60 年代座阀技术最先应用于现代油压控制，并迅速发展，由于其领先的技术，逐步在全世界居于主导地位。1970 年液压元件为顺应时代要求，向标准化、集成化、国际化、小型化、模块化方向发展。为满足大功率高效率的要求，同时加上爆发的二次能源危机对节能的迫切需求，使得液压介质向高水基或合成液介质方向发展，二通插装阀在西德闪亮登场。1970 年开始，符合企业各自标准的二通插装阀发展起来，现代二通插装阀技术的早期产品系列在欧洲一些具有座阀技术背景的公司先后形成。但是二通插装阀安装连接尺寸各公司要求不同，各配件不能互换，阻碍了二通插装阀技术的迅速发展。直到 1979 年才由各大公司联合制定出被世界各国采用的事实上的国际标准，即二通插装阀安装孔的连接尺寸标准。同年，全系列的二通插装阀由 Rexroth 和 Vickers 率先推出。到 1980 年，各大公司争相推出了 DIN 系列二通插装阀。从此，欧洲各大公司持续保持原有的竞争优势，一直引领了二通插装阀控制技术的发展。后来日本及时从欧洲引进插装阀技术伴随其液压工业迅速崛起，在欧洲设有基地的一些美国的跨国公司也开始发展插装阀技术。与此同时，二通插装阀的 DIN 系列的控制技术全面引入电液比例控制技术，将液压控制系统设计产生了概念性的变革。此时插装阀控制技术使得液压技术的发展提高到了一个崭新的高度，在主级上采用座阀结构，回路设计原则体现液压阻力控制系统学。电液比例控制技术作为当时液压技术研究发展的热点之一，对插装阀的广泛推广有极大的促进作用。二通插装阀产品持续改进和不断革新并逐渐走向成熟。美国流体动力教育基金会 John J. Pippenger 特别推崇插装阀技术，称"未来的历史会把插装阀技术的广泛应用作为液压技术的重要转折点"。

在二通插装阀和比例控制技术的发展进程中，1974 年 Backe 教授的《液压阻力回路系统学》提出的液阻理论奠定了插装阀集成控制的理论基础。液阻理论将采用管式或板式连接的压力、流量和方向三大类控制阀的分立元件称为"单个元件"。将二通插装阀称为"单个控制液阻"。明显地区分了传统控制和二通插装控制这两种控制方案本质上的不同，二通插装阀不再是一种完全独立的元件，而是一种可插装于控制块中的一个独立可控的液阻单元。由于插装阀基本控制元件事实上都表现为一种独立可控的"单个液阻"，通过灵活的组合完成对全部"受控腔"的控制，在设计和成本上都优于传统滑阀方案，更能体现未来新型液压控制的特征。1988 年，路甫祥教授的著作《电液比例控制技术》著作进一步丰富了液压控制的经典理论，同时引领了插装阀及其比例控制技术的研究与开发，称为现代液压控制技术中的突出成就之一。

在我国改革开放初期，二通插装阀技术蓬勃发展，以路甫祥教授为代表的中国学者，在路甫祥教授的带动下，形成了强有力的比例控制技术和二通插装阀技术领域的产学研联合体，强有力地推动了二通插装阀和比例控制技术的进步。黄人豪研究员提出并确认了二通插装阀技术在小流量、小功率、精密控制的液压系统中也存在很大潜力和发展空间。其对二通插装阀系统进行了重组和结构创新，提出了 MINISO 型二通插装阀，包括小型化和小规格的先导控制阀、组合式法兰控制盖板、小型化主级及其模块化组件，为将二通插装阀产品技术延伸至整个液压控制领域奠定了较好的基础。同时基于在德国机床联合会支持下斯图加特大学制造技术研究所提出的新型控制器件需具有的可组配、模块化和开放式的设计原则，提出在现有标准化基础上，通过控制组件的组合配置结构体现模块化设计实现大规模定制的思想。基于此思想，浙江大学的唐建中、陈同庆提出了以二通插装阀技术为基础，定义系列化、标准化的标准零件、部件序列，然后在软件技术的支撑下，制定以零件为基础的计算机辅助的系统设计、优化和仿真分析的大规模定制的液压系统元件制造、系统设计方案。

二通插装阀控制技术的工业化进程堪称产学研结合的成功典型。有人称 1950 年 Moog 研制成功电液伺服阀为现代液压技术发展的第一个关键里程碑和重要转折点；在 1970—1980 年间二通插装阀和比例控制技术的发展是又一个重要的里程碑和转折点。当前，二通插装阀集成控制技术已广泛应用于工业和移动液压之中，尤其在中大功率的液压系统控制和集成中已成为现代液压集成控制的主流技术之一。

二通插装阀与传统液压控制技术相比，结构紧凑、通流量大、流动阻力小、密封性好、对油液污染敏感度低，故其工作可靠、寿命长，且在控制特性上响应快速，容易实现多机能控制。由于其集成化程度较高，易于实现标准化、系列化、通用化。这些优点很大程度上正适应于现代液压技术发展的需要。

因此，自二通插装阀问世以来，受到了世界各国研究者的普遍关注，世界主要工业化国家都迅速推广二通插装阀技术，我国在 20 世纪 70 年代中期开始进行二通插装阀的研究和开发设计。这使液压技术的发展提高到一个崭新的阶段，使得液压技术在大功率市场的优势更加明显，传统工业液压阀在对重量和空间有苛刻要求和限制的场合无能为力时，插装阀仍可游刃有余。在某些应用场合，插装阀是提高生产力和竞争力的唯一选择。文献［1-15］对二通插装阀的发展历程进行了详细的阐述和分析。

1.2　二通插装型锥阀研究的关键技术

随着科学技术的发展和进步，为满足节约资源、环保友好和可持续发展的要求，对液压阀的技术含量提出了越来越高的要求，液压阀不仅要满足系统动静态特性的要求，还要具有大的通流能力、小的压力损失、高的可靠性、低的控制功率。液压阀相关的科学问题，如各类型液压阀的流量特性、作用在阀芯上液动力的大小和方向、液动力对阀工作的可靠性、操作灵活性和动静态特性的影响、内部流场的可视化计算等，一直是流体传动与控制技术领域中的基础研究问题，也是发展高性能液压控制阀必须解决的关键问题。

锥阀是插装阀的主要结构形式之一，在实际应用中，通常是阀芯带锥但锥面不完整的锥台形锥阀或阀座带锥的锥阀，尤其在用作主阀的情况时。通过研究发现，现有理论中有关此类锥阀的流量特性和液动力特性研究等在一些方面需进一步研究、解决完善。详述如下。

阀口过流断面面积直接影响阀过流特性的计算，但关于锥阀过流断面计算公式的现有理论尚存在问题。对于阀芯带锥的锥阀，传统锥阀过流断面面积计算公式是按全锥锥阀情况推导得出的，是以阀体底部通孔作为基圆，以阀体直角顶点到阀芯

锥部的垂线为母线的圆台的侧表面面积。但是对于锥台形锥阀
（将全锥锥阀阀芯底部截去一段得到的锥台）大行程时阀体直角
顶点到阀芯锥部做垂线时垂足不能落在阀芯锥部上，此圆台是
不存在的。锥台形锥阀在计算流量时采用按完整锥面锥阀导出
的过流面积计算公式，会造成非常大的计算误差，不能准确指
导设计及计算。同理，对于阀座带锥的锥阀，现有理论是以阀
芯直角顶点到阀座锥面的垂线为母线的圆台的侧表面面积。但
是在开口度较大时，阀芯直角顶点到阀座锥面的垂线的垂足是
在阀座锥边的延长线上，也即传统理论公式中的过流断面是不
存在的。现有的锥阀过流断面计算公式只适用于阀芯小行程范
围，在大行程时需要进一步完善。

　　液动力对阀的动、静态特性关系甚大，是设计液压阀需考
虑的重要因素。液动力方程是液压系统特性建模重要的基本方
程之一，对液压系统的特性有很大影响。对液动力的研究一直
是液压技术中的热点问题。对于传统液动力计算公式，有两个
方面需要对其进行修正或完善。第一，传统的液动力计算公式
中，液动力与进出口压力差值成正比，与进出口压力值的大小
无关。但锥阀进出口压差相同，不同进出口压力值，阀内液流
流动特征会出现不同。若进出口压差一定，出口压力高时，阀
内流动状态为单向流；进出口压力值低时可能会使得阀内最低
压力值降低到液体的空气分离压或饱和蒸汽压，变成了两相流，
此时流场的流动特征与单相流相比发生了显著变化。可见，进
出口压力差值相同，进出口压力值不同时阀芯所受到的液动力
值是有区别的。故需要对液动力公式进行修正，考虑进出口压
力值的影响。第二，传统锥阀液动力公式的推导是以全锥锥阀
为基础，利用节流面作为分界面，选取高压或低压部分作为控
制体积进行研究的。锥台形锥阀和阀座带锥锥阀在大开口时过
流断面位置发生变化，其流量特性与全锥锥阀不同，所以采用
传统液动力计算公式进行其液动力计算的准确性有待考证。

　　液压阀内阀口处的节流温升会使得阀口附近阀芯阀套的温

度升高，阀芯阀套由于温度升高产生热变形，同时由于液压力的作用产生机械变形，两种变形的组合会改变两者之间的配合间隙。如果间隙过大，则泄漏量大，能量损失增加。若间隙过小，操作力增大，严重时会出现液压卡紧现象。轻度卡紧使得阀芯阀套之间的摩擦加大，阀芯运动迟缓，影响系统的稳定性。如果情况严重，直接造成阀芯卡死，系统瘫痪不能运动。可见，阀芯和阀套的间隙直接影响阀的工作性能，影响系统的整体性能。另外，阀芯阀套的变形可能会影响插装锥阀的节流口过流断面。液压技术遍布整个工业控制领域，包括一些高科技领域，为了达到更加精准的控制，对控制元件的特性要求将更加苛刻。因此在阀的设计中能够考虑阀套和阀芯变形对于节流口过流面积及阀套阀芯间配合间隙的影响，考虑阀内流道和阀腔的影响，将是液压元件设计理论不断完善化所必须的。建立插装型锥阀流固热耦合模型，探讨阀芯阀套变形规律，对锥阀的设计和分析有着重要的意义。

针对目前尚未解决和新发现的问题开展研究工作，对推动这一领域持续创新、技术进步和向前发展具有重要的理论和实际意义。给出能准确描述锥形插装型主阀阀芯在大行程范围内运动时阀芯所受液动力的计算公式、过流断面积的计算公式，为建立液压阀准确的数学模型进行非线性数字仿真研究奠定了理论基础，有助于进一步完善有关液压阀流体力学的基本理论。

本书主要针对现有理论中需解决完善的方面进行了研究。对于液压阀内流场的数值模拟已经相当成熟，大量文献已经证明数值模拟的正确性和可行性。本书主要采用数值模拟的方法，充分发挥采用计算流体力学进行模拟时改变边界条件、模型几何参数方便灵活、数据完善等优势，针对提出的过流断面和液动力计算时遇到的问题，深入挖掘内部流场数据，找寻流动规律和特点，推导出相关计算公式，对已有理论进行了完善或修正。以期为插装型锥阀的设计、性能优化提供更加全面的理论基础并获得具有实用价值的结论和成果。主要内容如下：

（1）从过流断面的定义出发，利用 CFD（Computational Fluid Dynamics）流场可视化技术对两种锥阀的流场进行深入细致的研究分析，确定阀芯带锥但锥面不完整的锥台形锥阀和阀座带锥的锥阀在整个大行程范围内不同开口度时的过流断面位置。通过理论计算，推导阀芯在大开口度时的过流断面面积计算公式。

（2）设计新型的阀口形式，要求其满足在不同开度范围有差异较大的阀口面积增益，可实现对流量多级节流控制。阀口的空化汽蚀特性也是阀口节流性能好坏的一个重要指标，但判断空化初生的标准目前尚未统一。通过分析液压阀内液流流动过程，追溯空化产生根源，提出表征阀抗汽蚀能力的系数。

（3）锥台形锥阀和阀座带锥锥阀在阀芯开口度大时，过流断面的位置和计算发生变化，需对其在阀芯大开口度时液动力进行研究。液动力本质上是流体运动所造成的阀芯壁面压力分布发生变化而产生的，故从流场信息入手，获得阀芯底部压力分布值，将压力相对作用面积积分，得到其液动力值。这也是计算液动力最直接的计算方法。从压力场、速度场等流场角度，细化得出阀芯不同径向位置其所受液动力的量值，为采用动量定理计算液动力时进行控制体积的选取提供依据。为了便于工程实际使用，根据流场分析得出的液动力产生的主要因素，结合控制体积的选取原则，对于不同阀口形式锥阀，内外流工况不同时，选取不同的控制体积。根据动量定理推导相应的计算公式，完善不同流动方向下阀口全行程时的液动力计算公式。

（4）传统的液动力计算公式中，液动力与进出口压力差值成正比，与进出口压力值的大小无关。但锥阀进出口压差相同，进出口压力值低时，阀内流动状态若变为两相流，则与单相流的流动特征不同。可见进出口压力差值相同，进出口压力值不同时阀芯所受到的液动力值是有区别的，所以需对液动力计算公式进行修正。利用全空穴模型和 RNGk-ε 湍流模型对阀内流场进行两相流数值模拟，分析阀内流场压力分布，研究液动力产生机理，明确不同流动特征时液动力区别的真正原因，对传统公式进行修正，推导出适用于两相流状态下液动力的计算公式。

（5）研究插装阀流量特性时，考虑阀套和阀芯变形对于节流口过流面积及阀套阀芯间配合间隙的影响是液压元件设计理论不断完善化所必需的。建立实际使用的插装阀整体三维模型，包括阀芯阀体阀套，进行液固热耦合分析，根据液压阀流体流动过程的传热特点，对液流流动过程流场、温度场进行数值模拟，得出整个锥阀流场，锥阀固体、液体区域内详细的温度场分布规律。对阀芯阀套的热应力场机械应力场的综合应力作用进行分析计算，得到热效应和液压力共同作用下的阀套阀芯变形，在一定程度上可科学估算变形量对阀套阀芯配合间隙及阀口特性的影响，从而为阀套阀芯设计参考依据。

1.3　液压阀特性研究概述

液压阀作为控制元件，通过驱使阀芯相对阀体产生位移，改变阀口过流断面面积，来控制液流的流动。阀口过流断面面积直接影响阀过流特性的计算。阀口过流特性体现阀的通流性能，结构繁多的不同类型阀口和一些组合节流槽的过流特性一直是研究热点，尤其是在进行流量控制时，过流特性直接决定执行元件在起动、工作及停止等不同工况对流量控制的性能。随着计算机技术和计算流体力学（CFD）的发展，人们开始用流场可视化的方法对这一问题开展更深入的研究。国内外学者对液压阀进行了大量的研究，用各种不同的数值方法（有限元法涡函数 - 涡量法、边界元法、流线法、代数应力法等）分析了液压控制阀内部流道流场，进而定性分析了阀内部流道流场（速度分布、流动的分散与再附壁、漩涡的产生与消失等）与流体噪声、能量损失机理的关系，从而确定影响液压控制阀性能的主要因素。液流通过节流阀，由于过流断面突变小，压力急剧下降，极易产生气穴的现象，很多文献对于阀内液流的两相流动也进行了大量研究。

Hailing An、Jungsoo Suh[16]对三种不同的阀芯结构进行了数值模拟和试验研究，并给出了可视化结果，包括流场的压力场、流线图和湍动能分布图。

Linda Tweedy Till[17]针对一种英式阀在不同工况下的流动状况进行了 CFD 仿真，结合给出的速度分布和压力分布，对阀的结构进行了改进优化。

Himadri Chattopadhyay[18]等使用 CFD 软件对一种滑阀阀芯结构的压力调节阀的流场进行了分析，并比较了两种紊流模型的分析结果。

Chern M. J. 等[19]对球阀的流量特性进行了可视化分析和实验研究。

Matthew J. Stevenson[20]对一种高压均化阀的流场使用 CFD 软件进行了可视化分析研究，并将实验结果与理论分析进行了对比，结果吻合。

Song Xueguan[21]等利用 SDM 对溢流阀的动态特性进行了仿真，将 CFD 仿真结果参数作为阀的特征参数带入 SDM 中，结果表明 CFD 与 SDM 的结合可有效预测阀的动态特性。

Priyatosh Barman[22]使用 STAR – 3D 仿真软件，针对滑阀在高压大流量时，阀内部的流动区域可能会出现气穴，甚至产生汽蚀的危害的问题，对三维滑阀模型进行了两相流仿真，并给出阀内流场的压力分布，速度分布和气体体积分布图。

Moholkar V. S.[23]对通过对文丘管内气穴现象的研究，指出下游恢复压力，管径比、初始气泡含量和初始气泡大小都对流动现象有一定的影响。

Weixing Yuan[24]等对喷嘴进行了非稳态气穴流的建模计算，采用 k-ε 紊流模型和 VOF 两相流模型进行仿真计算，并对不同气核浓度时气泡的体积含量进行了比较。

Paolo Casoli[25]针对四种不同的液流模型对轴向柱塞泵内的

两相流动进行了模拟分析，并进行了比较。

Vedanth Srinivasan[26]采用 RNGk-ε 模型，推导出一种 CIMD 模型对喷嘴内气泡的产生和溃灭过程进行了数值模拟。

Q. Chen[27]对水压滑阀内的两相流动进行了三维建模与仿真分析，文中使用 UDF 引入了阀内紊流黏度的变化。

那成烈[28]认为三角槽节流口面积计算公式误差较大，进行了新计算公式的推导。

王林翔[29-30]等自行编制程序在圆柱坐标系下采用湍流模型中的标准模型和有限容积数值方法对液压滑阀内的三维流体进行了数值分析，并得出了空间内各点的压力、速度、湍流脉动动能和脉动能耗散率。

浙江大学的研究者对不同形式阀口的流动特性进行了仿真和实验分析，包括球阀、锥阀和 U 形、V 形等节流槽形式，其中包括单相流动和两相气穴流[31-35]。冀宏[36]等进行了滑阀节流槽阀口的流量控制特性，分析了节流槽内节流面的串并联效应，并提出以此作为确定二节矩形节流槽阀口面积的原则，推导出了不同滑阀节流槽阀口面积的计算公式，并进行了阀口面积计算程序的编制，研究了二节矩形节流槽的流量系数变化规律。在文献［37］中对几种典型液压阀口过流面积进行了计算与分析，指出阀芯移动过程中出现了阀口的迁移现象，且对此现象进行了分析研究。对等效阀口面积进行了流场计算，并与等效阀口面积的实验测试结果进行了比对。

袁士豪[38-40]等对液压阀口二级节流特性进行了研究，分析了 U 形、V 形及其组合形式节流槽的几何特征，给出了其节流面积简化计算公式，并推导了两种节流槽的汽蚀特性。通过分析各自通流截面的水力直径，指出两种节流槽的通流能力的不同。以节流压降分配系数均值及其方差，空化指数的均值及其方差作为表征阀口节流特性的参数，利用正交试验设计和模糊综合判断提出了一种节流阀口优化结构。

叶仪[41]等对三种具有代表性结构特征的节流阀口进行流场

仿真，研究分析了其静态流动特性及阀口处的压降分布特性，并描述了节流面位置随开度的变化过程。

陈晋市[42]等针对三角槽形、半圆槽形、梯形、L形、U形五种典型节流阀口结构特征开展了研究，推导出其过流面积，并采用 AMEsim 软件建立了相应的仿真模型，分别就输入信号、负载和阀口尺寸对不同阀口节流系统动态特性的影响进行了仿真分析。

贺晓峰[43]等就球阀阀口流量特性进行了实验研究。

王安麟[44]等基于 CFD 对典型的三位四通换向滑阀进行了多学科优化设计，为提高滑阀性能提供了设计依据。

对于锥形阀口流量特性，目前国内外在计算锥阀的过流断面积时，全行程内都采用按完整锥面情况导出的计算公式。

锥面在阀芯表面的阀

$$A(x) = \pi\mathrm{d}x\left(1 - \frac{x\sin2\alpha}{2d}\right)\sin\alpha \qquad (1\text{-}1)$$

锥面在阀座上的阀

$$A(x) = \pi\mathrm{d}x\left(1 + \frac{x\sin2\alpha}{2d}\right)\sin\alpha \qquad (1\text{-}2)$$

式中：

d ——阀座通孔直径；

α ——锥面半锥角；

x ——阀口开口度。

各国研究人员对于锥阀流量特性的研究一直进行并保持热度。具有代表性的有日本的 Shigeru Oshima[45-50]等 1985 年以阀座带锥度的阀芯全锥状态的锥阀模型为研究对象，采用半切模型对液压锥阀的特性和气穴现象进行了实验研究和分析，2002

年采用同样的实验装置和方法，研究了水压锥阀的气穴现象，同时比较了在不同介质条件时阀的特性。

D. N. Johnston 和 N. D. Vaughan 等[51-52]1991 年对锥阀和平底阀的流量和压力特性进行了试验研究，并在 1992 年采用有限体积法对锥阀流场进行了仿真研究并与实验结果进行了比较，仿真针对阀座尖角、阀座倒角和阀座倒圆角三种形式的二维轴对称模型进行了研究。

Keshen Y., Takahashi K. 等[53]采用流线坐标法对全锥锥阀和球形阀两种座阀的内部流场进行了详细的数值模拟和试验研究，并对阀芯受到的液动力进行了研究。

Liao Yide[54]对水压锥阀的流量特性进行了分析研究，比较了阀座带锥和不带锥两种结构的锥阀形式，指出阀座不带锥的锥阀有更强的抗汽蚀能力。

James A. Davis[55]等对锥形控制阀的流量特性进行了分析研究，主要是针对轴对称的二维模型和实验结果相比较，验证指出仿真方法是可行的。

Roger Yang[56]使用 ANSYS/FLOTRAN 对锥阀和滑阀进行了三维建模和仿真，对其液动力和流动特性进行了分析，并进行了试验验证。

S. B. Chin 和 A. P. Wong[57-59]等对锥形压电阀进行了流场仿真研究，主要针对锥阀锥角为 45°、90°、135°，阀芯位移在 30 微米、60 微米和 120 微米的特性进行了研究。并对锥形压电阀的内外流特性进行了 CFD 仿真分析和实验研究，仿真结果和实验结果吻合良好。

C. Bazsó、C. J. Hös 等[60-61]对直动式锥形溢流阀的振动进行了试验研究，并采用集中参数建模的方法，对锥阀的振动进行了一系列研究。

Tetsuhiro Tsukiji[62-63]使用涡量法分别对滑阀的二维流动和锥阀的三维轴向流动进行了数值模拟。

S. Hayashi[64]等对先导型锥阀回路的不稳定性进行了建模仿

真，并进行了试验验证。

S. Bernad 等[65-67]对锥阀二维轴对称模型和三维模型进行了数值模拟，分别对锥阀内的单相流动和两相流动进行了研究和比较，给出了流线图和阀底压力分布值的对比图，突出显示了液流漩涡的位置。

Matthew T. Muller[68]建立了两级锥阀的动态模型，对弹簧力反馈的线性模型和非线性模型分别进行了建模，并进行了比较。

Roger Fales[69]采用集中参数模型，对锥阀特性进行了频率响应分析，指出初始线性化平衡点的选取对阀的性能研究有一定的影响。

Patrick Opdenbosch[70]建立了一种新型的两级双向锥阀的动态模型，提出一种节点链接感知网络的控制策略。

Mohammad Passandideh-Fard[71]针对锥阀二维轴对称模型采用 VOF 两相流模型进行流场仿真，与已有的试验数据进行了比较，并分析给出了锥阀半锥角对流场的影响。

T. S. Koivula[72]对锥阀和阻尼孔的气穴现象进行了试验研究，对不同直径和长度比的阻尼孔，相同进口压力不同出口压力的流动过程分析，发现了液流的饱和现象。对阀座带锥和不带锥两种形式的锥阀流场也进行了研究。并提出了减小气穴的结构改进措施。

Javad Taghinia-Seyedjalali[73]对三种形式的座阀的流场进行了二维模型的仿真，给出了阀芯底部的速度和压力分布，以及速度场的比较。

国内对锥阀流量特性的相关研究很多。1988 年金朝铭[74]等将圆锥阀口过流断面按扇形平行平板径向间隙流动处理，将平行圆板径向流动的计算方法直接应用于阀中，对短通道锥阀流量系数进行了研究，指出过流通道长度小于起始长度时过流通道对锥阀特性的影响不容忽视。

在王德拥[75]翻译的锥阀过水截面的计算中，对锥阀过流断面的位置进行了更加精确的数值解析公式的推导。

高红[76]对锥阀的流场及气穴噪声问题进行了研究。文中建立了锥阀的二维轴对称几何模型，利用 RNGk-ε 紊流模型数值模拟了锥阀阀口的气穴流动，并运用工业纤维镜与高速摄像机组成的流场可视化试验系统，对阀口附近气穴现象进行研究，获得阀口附近气穴流场信息，与仿真结果比较，验证了模型的正确性。文献 [77] 中通过流场可视化试验系统和流场气穴的数值模拟，对不同形式的锥阀进行了研究。在传统锥阀的结构基础上，改造出了六种形式的锥阀预测阀口的气穴流动，通过仿真研究并对阀的气穴噪声进行测量，给出一种优化的锥阀结构。

高殿荣、王益群[78-79]等利用有限元方法将外流式锥阀内流场近似处理为二维流动进行了数值模拟，给出了流场的速度矢量图。2002 年采用有限元法对于不同开口度、不同阀芯结构和阀座尺寸的锥阀进行了数值计算，且给出了可视化结果，并利用 DPIV 流场试验可视化技术进行了仿真模型的验证。基于消除漩涡、减少能量损失和流体噪声的目的，提出了一种阀芯的结构改进方案。

胡国清[80]从紊流流体机理出发，根据 N-S 方程推导出有效研究液压阀流道的计算模型——代数应力模型，对液压集成块流道的流场进行了分析研究，指出代数应力模型也是研究液压阀流道流场的一种很好的数学模型。

西南交通大学的李惟祥等[81]对液压锥阀的振动特性进行了分析，并利用 CFD 软件对产生振动的锥阀及其改进结构进行稳态和动态解析，分析了液压锥阀发生振动的原因。并提出了一种阀腔内结构的改进方案，此结构有助于锥阀的振动的消除，但易于产生汽蚀以及汽蚀噪声。刘晓红[82-83]对锥阀的噪声预测进行了分析，与 OSHIMAN 的实验结果进行了比较，并提出一种基于计算流体动力学解析的液压锥阀噪声评价方法，噪声预测需要对阀底压力分布进行计算。

西安交通大学的曹秉刚[84]教授用边界元解析方法对内流式

锥阀流场模型进行了数值解析。

练永庆[85]等进行了液压锥阀流量系数的数值计算，首先利用 AutoCAD 软件建立了锥阀的二维模型，利用计算流体力学软件对阀的流场进行了数值模拟，计算得出了不同雷诺数条件下的流量系数，通过与实验结果的比对验证了仿真的正确性和可行性。

王国志、王艳珍等[86-87]对水压滑阀的流动特性进行了可视化计算，并对阀芯受力情况进行了数值计算，通过分析研究表明过流断面的突变引起液流流速和压力的变化，并指出漩涡区的位置在阀座拐角处。于 2003 年发表了水压锥阀二维模型的流场解析，给出了其速度场和压力场的可视化结果，并提出了一种锥阀阀芯结构的改进方案。

付文智[88]等进行了锥阀二维不可压缩无黏性流动的层流状态的液压锥阀数值模型，给出了锥阀阀腔内液体压力和速度分布规律，并通过对阀芯底部压力积分得出了阀芯受到的总作用力。

邓春晓[89]等利用 SolidWorks 和有限元分析软件 Cosmods/Flowworks 对液压锥阀三维模型进行了流场分析，给出了锥阀阀腔内部流场流速分布及压力场分布可视化图形。

孔晓武[90]针对高速大流量电液伺服系统中插装式伺服阀表现出的非线性特征，将插装式伺服阀先导级数学模型简化为一个线性二阶环节，在对其主阀芯进行动力学分析的基础上建立了插装式伺服阀简单实用的非线性数学模型，并进行了试验验证。

Nie Songlin[91]等对一种两级节流阀的气穴现象进行了模拟，指出高的出口压力和合理的两级通流面积比有一定的抗气穴能力。

李亚星[92]通过数值模拟方法对圆形和腰形两种阀套通孔结构的插装阀流场进行了研究，指出适当增大阀套通孔面积，可以提高插装阀流量，提高阀对负载流量的控制灵敏度。减少插装阀通孔个数，插装阀流体流动区域内的漩涡明显减少，从而减小了局部能量损失。并通过试验验证了仿真模拟结果的正确性，对插装阀的优化提供了一定的技术支撑。

姚静[93]等也利用 CFD 技术对传统插装式比例节流阀圆形通孔的主阀套结构和腰形通孔的主阀套新结构的阀的流量特性、主阀芯受力情况进行对比分析。指出，腰形通孔结构主阀套不仅能增加阀的通流能力，还有助于改善主阀芯所受的径向不平衡力。

Yi Dayun 等[94]对溢流阀中锥阀阀芯的振动进行了研究。

闵为、冀宏等[95]采用流固耦合的方法对锥阀的轴向振动进行了研究。文献［96］针对导阀级的锥阀采用流固耦合的方法模拟锥阀在真实开口情况下的流场状态，研究不同阀座半锥角结构对阀口流场的影响。

廖义德、刘银水[97]针对两种锥阀形式进行实验测量，将出口压力的低频波动的快速增长作为气穴出现的依据，并对两种结构形式进行了比较。

各文献中研究的典型锥阀结构如图 1-1 所示。

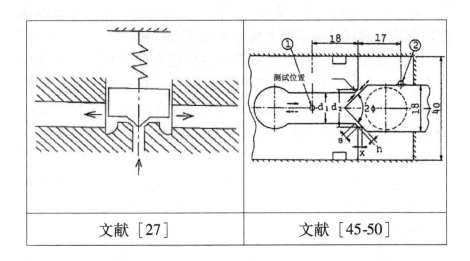

图 1-1　本书各文献中研究的典型锥阀结构

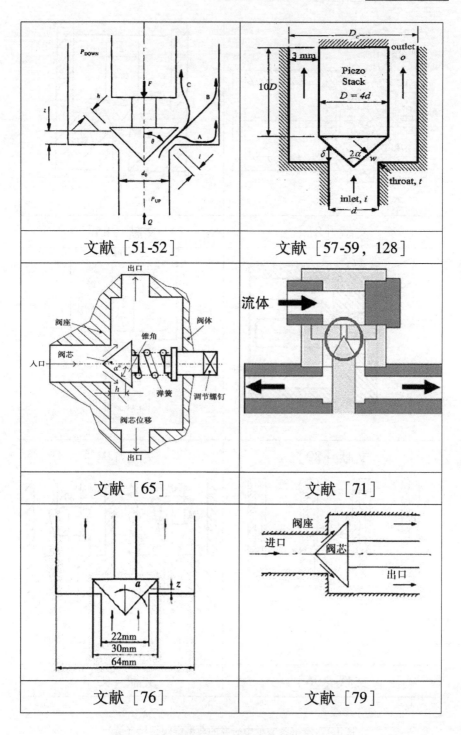

文献 [51-52]

文献 [57-59，128]

文献 [65]

文献 [71]

文献 [76]

文献 [79]

图 1-1　本书各文献中研究的典型锥阀结构（续）

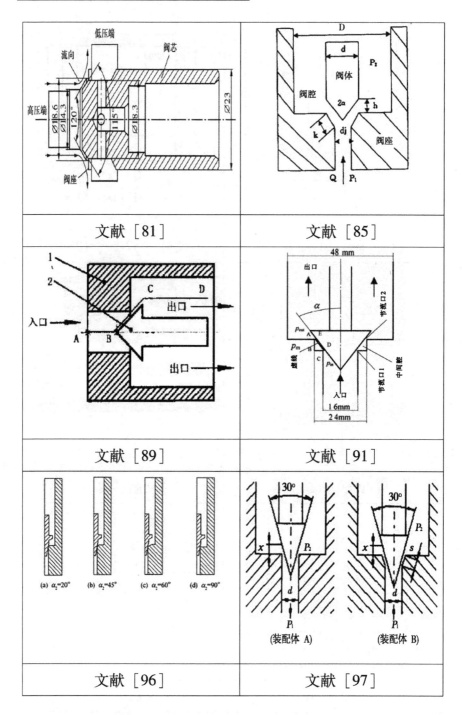

图 1-1　本书各文献中研究的典型锥阀结构（续）

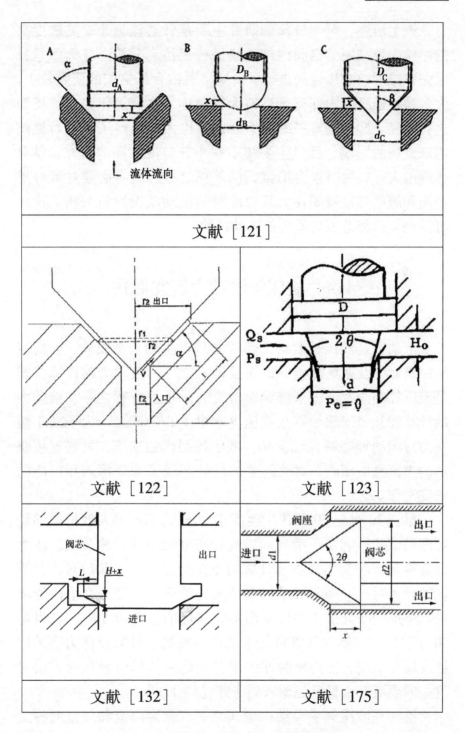

图 1-1　本书各文献中研究的典型锥阀结构（续）

综上所述，对于锥阀的研究主要是针对流量小、灵敏度高的用作先导控制的锥阀内部流场进行了仿真分析，且大多是针对完整锥形的液压锥阀进行了研究，对锥台形锥阀的研究较少。大多是将锥阀的内部流场近似为轴对称，将其简化为二维模型进行研究。即使是对三维模型的研究也大都忽略了阀套对锥阀内部流场的影响，而且主要集中在小开口度方面的研究，没有体现出大开口度时锥台形锥阀的不同之处。故有必要对锥台形锥阀和阀座带锥锥阀在大开口度时的流动状况进行分析，这样可得到全行程范围内锥阀的流动特性。

1.4　液压阀液动力研究概述

液动力是液压控制阀工作时必然产生的，是设计、分析液压控制元件及系统需考虑的重要因素之一。液动力的计算公式是液压控制阀及液压系统建模仿真时的重要方程之一。液动力的计算和补偿问题始终是液压界非常关心的问题。为了减小液动力对阀动静态特性的影响，减小控制阀的功率，发展直接驱动的大流量液压阀，对此问题国内外开展了非常深入和广泛的研究工作。

早在20世纪50年代，美国学者 S. Y. Lee 等人就根据动量定理和试验，确定了滑阀和锥阀稳态液动力的计算公式，成为目前确定阀芯受力分析和计算的重要理论依据。此后日、美等国的学者对这一问题做了许多补充性的研究，受研究手段的限制，早期的研究工作主要采用实验和理论推导的方法。20世纪90年代以来，随着计算机技术的迅猛发展、计算流体力学的广泛发展和应用，国内外的许多学者开始用流场可视化的方法对这一问题展开大量且更深入的研究 ［98-119］。

锥阀是液压阀主要结构型式之一，分为内流和外流两种工况。对锥阀液动力的研究一直受到国内外学者的长期关注。

1986 年 Shigeru Ikeo[120] 使用流线坐标利用保角映射原理将锥阀的流场进行了解析，给出流线可视化图，对锥阀液动力进行了计算。

Sqrensen H. L.[121] 对球形阀、阀芯带锥锥阀和阀座带锥锥阀三种座阀结构进行了 CFD 仿真研究和试验研究，详细分析了液压阀内部流场分布，通过分析其压力分布，进行了液动力的补偿研究。为了便于比较不同结构阀在不同阀开口度时液动力的区别，引入了无量纲的液动力系数。结果表明阀座带锥锥阀的液动力随半锥角的减小而减小，阀芯带锥锥阀的液动力随半锥角的减小而增大；三种座阀结构中，球形阀的液动力最大。

J. M. Bergada[122] 对阀座阀芯都带锥的锥阀内部流动时层流工况的液动力和流动特性进行了解析计算。

Shigeru Oshima、Timo LEINO[45-50] 对水压和油压锥阀的流场进行了试验研究和理论分析，对内外流流动工况都有研究，采用半切模型进行了锥阀内部流场可视化分析，给出了内外流不同工况下，不同边界条件时阀内流场信息，包括流量系数、质量流率和节流口压力值，并给出了气泡分布可视化图，并对水压和油压锥阀的不同点进行了分析。

黄振德[123] 利用流函数方程对内流式锥阀流场进行了数值解析，并对液动力进行了理论推导。

郁凯元[124] 利用动量定理、伯努利方程定性地探讨了稳态液动力的方向。张海平[125] 从动力学角度阐明了液压阀稳态液动力的基本概念和计算方法。

文献［126］给出了利用动量定理推导的液动力计算公式，并进行了试验验证，被各类教材和工程实际中广泛使用，成为计算液动力的传统公式。

西安交通大学的很多学者对锥阀的液动力进行了研究。曹秉刚[127] 等设计了专门的锥阀阀芯锥面压力分布和液动力的测试装置，给出了内流式锥阀稳态液动力和阀芯锥面压力分布的规律。并在文献［128］中对内流式锥阀稳态液动力进行了理论分析，将控制体积分成高压低压两部分，结合节流口处压力分布的规律，将控制体积进一步简化，以弧形等压面作为边界，推导出了液动力的理论计算公式，并与试验数据比较进行了验证。汤志勇[129]等人针对锥阀内流和外流两种工况，对锥阀动态液动力进行了探讨，提出了运动控制体的概念，基于动量定理推导出了锥阀动态液动力的计算公式。并在此基础上对液动力的频率响应进行了研究，结果表明锥阀阀芯在较低频率工作时，阀芯受到的液动力的主要部分为稳态液动力，瞬态液动力只占一小部分，故可将油液的可压缩性予以忽略；当阀芯在较高频率工作时，液体的可压缩性需予以考虑。并将理论分析与实验结果进行了对比。在文献［130］中提出用阀套运动补偿液动力的方法，并分别应用于锥阀和圆柱滑阀。阀套运动法即利用阀套运动来确定阀开口量。试验测试时阀套受力大小由测力环和应变仪测量，阀开口量由调节螺栓调定、百分表测量，并对实验测试结果进行了拟合。

赵铁钧、王毅[131]对做先导阀的锥阀进行了受力分析并对其动态特性进行了研究，通过动量定理推导阀芯受到的作用力，建立了锥阀的数学模型，给出了锥阀的传递函数和状态方程。

刘恒龙[132]等为了降低溢流阀的调压偏差，在溢流阀主阀芯锥阀芯上加凸缘结构进行液动力的补偿，并采用 CFD 工具对其补偿效果进行仿真和研究。指出突缘结构能实现阀芯液动力补偿，但随着阀芯开口量的增加，补偿会由欠补偿变为过补偿。

1.5 液压阀多物理场耦合研究概述

将整个液压阀看成一个系统，整个阀内液体流动的过程中包括的物理场是很多的，如阀内流体的流场（速度场、压力场、温度场）、组成阀结构的固体的温度场、应力场等。因为这些物理场之间是相互影响的，整个阀的工作过程就是这些物理场的叠加问题，即多场耦合问题，多物理场的耦合更切合阀工作实际。在 20 世纪 90 年代以前，由于计算机资源的缺乏，早期的研究主要关注于某个专业领域，仅是对多物理场模型进行理论研究，或仅仅对单个物理场进行有限元建模分析，工程中模拟最多的单个物理场有关于力学的应力场、传热学的温度场、流场以及电磁场等。随着计算科学的大力发展，计算算法更加快速、简洁，一些多场耦合问题的建模方法和求解策略相继出现，新兴的有限元方法为多物理场分析提供了一个新的机遇。再加上计算机的容量和计算速度的大幅上升，对多物理场的有限元模拟成了现实，满足了工程师对真实物理系统的求解需要。在工程实际中多个物理场之间的耦合问题得到了广泛关注，已成为当今各领域研究的热点和难点。

Angadi S. V. 等[133-134]对应用在汽车变速器上的电磁阀模型进行了研究，使用有限元方法建立多场耦合模型，包括电学、磁学、热力学和固体力学的耦合效应模型，给出了电磁阀的温度分布、应力分布和变形。指出线圈产生的热量导致线圈温度升高并承受压应力，会使得线圈之间的绝缘性能失效，并对其进行了试验研究。

Ye Qifang[135]等人研究了气动系统中先导控制两级电液伺服控制电磁阀的阀杆和流体之间的流固耦合问题，并进行了试验验证。

Alizadehdakhel A.，Rahimi M.，Alsairafi A. A.[136]运用流体分析软件和实验的方法研究了阀的重量对阀性能的影响。

Beune[137]等人采用流固耦合方法对高压安全阀流场的动态特性进行了研究和评估。

Zecchi M.，Ivantysynova M.[138]等运用 AWB 中的耦合分析模块对柱塞泵和配流盘之间的间隙进行了多物理场耦合仿真计算。

D. Deepika 等[139]对一种线性驱动系统进行了多场耦合建模和仿真。

Wallace M. S.[140]采用计算流体力学的方法对一种球形阀固

体颗粒的腐蚀速率进行预测。采用拉格朗日欧拉模式，结合质量损耗方程预测阀内汽蚀问题。与试验结果比较，得出仿真结果偏小。此外，还有很多采用流固耦合方法分析人工心脏阀的外国学者[141-145]。

阀的多场耦合问题同样引起了国内很多学者的关注，尤其是工作在高压大流量场合的一些阀。

Xie Yudong[146]等对燃气蒸汽联合循环（CCPP——Combined Cycle Power Plant）发电机组上的控制阀进行了流固耦合分析，并将考虑流固耦合分析与不考虑流固耦合分析的两种结果进行了对比。

Deng Jian 等[147]对两种不同的滑阀结构进行了 CFD 和 FEM 分析，给出在不同开口度的情况下，各关键点的变形量以及变形图，并进行了比较。

李德生[148]等采用结构分析有限元方法，分析计算了某型汽轮机阀壳冷态启动工况下的温度场、热应力场及综合应力场，给出了关键点处详细的温度场及其对应的热应力场的变化规律，并对关键点处阀壳疲劳寿命进行了估算。分析过程中采用 CFD 软件对阀壳内部流质速度场进行了仿真模拟。

宫恩祥[149]等考虑到旋转阀阀体和转子的间隙对旋转阀的安全运行有重要影响，采用有限元方法和热力学理论对旋转阀阀体和转子进行热分析，给出阀体和转子的温度场分布，通过热 - 结构耦合应变分析得到的变形量计算出了旋转阀阀体和转子的间隙值，详细研究了阀体上部不同管道作用力、物料对转子的作用力以及不同物料温度对旋转阀阀体和转子之间间隙值的影响。

吴泽豪[150]等利用 Fluent 软件，对改造的蝶阀及执行机构的温度场进行了仿真。研究了蝶阀及执行机构的热传导，根据影响执行机构温度的因素，提出了降低温度的方法，并进行了试验验证。表明改进后蝶阀及执行机构降低了执行机构的温度，且故障率降低。

　　林抒毅[151]基于 Ansys 软件采用热电耦合的方式对电磁阀三维温度场进行了仿真，并对计算结果进行了试验验证；采用 VB. NET 技术对 Ansys 进行了二次开发，实现了 VB. NET 程序对 Ansys 前处理与后处理的交互使用，提供了分析电磁阀温度特性的仿真平台。采用此系列电磁阀三维温度场仿真系统，可对不同型号、材料、尺寸的交、直流电磁阀三维温度分布情况进行计算分析，该系统人机界面友好，用户计算方便。研究内容为电磁阀的优化设计奠定了一定的技术基础。

　　喻九阳[152]等利用 Ansys 有限元软件进行了高温蝶阀阀座温度分布和应力分析，并采用热结构耦合分析的方法，进一步分析了阀座在高温梯度和内压共同作用下的应力场和变形量。

　　王宏光等[153]采用大型有限元分析软件 Nastran 对超临界汽轮机阀壳的温度场和应力场进行了计算分析，得到了冷起动过程中阀壳的温度和应力分布规律，并对比分析了冷启动结束时的计算结果同额定工况下的计算结果。

　　马承利[154]等利用 Fluent 软件对不同温度下的喷嘴挡板阀内流场进行了仿真。研究温度变化导致液压油黏度发生变化，进而对喷嘴挡板阀内的流场分布的影响。结果表明随着温度升高，固定节流孔前后的压差以及油液流速也逐渐增大，同时喷嘴端面凸缘及出口管径扩大处的空穴会进一步加剧。

　　曹芳[155]建立了大流量调节阀流固耦合系统数值仿真模型，对调节阀中流体与阀芯的流固耦合问题进行了仿真研究，并研究了基于流固耦合的大流量调节阀的流动特性、噪声和动力学特性。

　　刘建瑞、李昌[156]等对高温高压下的核电闸阀进行了流固热耦合分析。给出了流体的压力、速度和温度分布，以及闸阀的变形和应力分布。通过对闸阀施加载荷，分析了压力和温度对闸阀性能的影响。指出若不限制闸阀整体自由变形，闸阀产生的热变形较大，应力较小，流体压力产生的机械应力较大，且热变形有助于减小闸阀因流体压力作用而产生的应力。

北京航空航天大学的刘艳芳[157-158]等人对于液压电磁阀进行了多物理场耦合热力学分析，综合考虑了机械、电学、热学等多个物理场的耦合控制，对电磁阀的温度分布、应力和位移等进行了计算，并对可能存在的热力学失效进行了预测，具有较高的计算精度，并对计算结果进行了实验验证。指出电磁阀的寿命和可靠性受使用环境的影响较大；长时间大电流工况下运行时，电磁阀内部会产生较高的温度和热应力，过高的温度会导致电磁阀快速热失效，需采用合适的冷却方式。

西南交通大学的一些学者主要针对滑阀进行了一些研究。文献［159-160］建立了滑阀的二维模型，仿真了不同工况下滑阀间隙内的温度场分布，分析仿真结果给出了间隙内温度场分布随工作压力、径向间隙和开口量的分布特点和规律，并研究了滑阀工作中因节流发热而发生的阀芯卡死现象。文献［161］建立了滑阀的三维模型，对阀内部的温度场和流场进行了数值模拟，给出了不同工作压力、阀口开度时滑阀温度场分布，并指出油液温度升高主要源于黏性力引起的黏性耗散。文献［162］对不同开口度、不同槽口深度和宽度的阀内三维流场进行了流场和温度场的耦合分析，得到液压滑阀的最高流速、最高温度的大小和区域的分布情况。并对液压滑阀进行了流固热耦合研究，得到阀芯和阀套的径向变形量，对液压滑阀卡紧机理分析有一定的参考意义。指出对液压滑阀进行设计、应用时，应综合考虑液压黏性温升对阀芯阀套配合副的影响。符合工况需要时，尽量选择黏度较低的液压油；在节流面积相同的情况下，液压阀的节流槽口宽度应尽量选择得大一些。文献［163-164］对液压滑阀进行了稳态传热有限元仿真，将流场计算出的温度加载到液压阀芯表面上，计算出阀芯产生的热变形。指出考虑黏性热引起的阀芯变形是有必要的，在配合间隙小时甚为重要。

阎耀保[165]分析了温度对电液伺服阀配合间隙以及阀内流场等的影响。并指出在设计电液伺服阀时应该考虑高低温环境下配合间隙随环境温度的变化及磁性材料特性随温度的变化。

冀宏等[166]采用 Fluent 和 Ansys 联合仿真了具有典型节流槽的非全周开口滑阀内部温度场和流场，指出阀口流速在接近固体壁面的区域温度较流速中心的温度高。

浙江大学的学者也对不同型式的滑阀节流口进行了油流温度场和结构热变形分析[167-168]。

薛红军[169]运用 Fluent 软件对大通径滑阀缝隙进行了流场分析与试验研究，进行了均压槽对滑阀径向不平衡力和泄漏量的影响分析，对滑阀间隙密封结构进行了评估，为大通径滑阀间隙密封的结构设计提供了技术参考，并通过试验证明了计算方法的正确性。

杨曙东[170]等基于 Ansys 对一种用于控制高速绞车的大通径滑阀式换向阀进行固热耦合分析，获得温度分布及热变形结果，并分析阀体阀芯变形对配合间隙的影响，给出了滑阀最佳初始配合间隙。

李永林[171]等结合伺服阀的压力流量特性和控制体内温度变化计算公式，建立伺服阀热力学集中参数模型。对包含一个四通滑阀的液压系统进行建模和仿真，反映出了阀在各种工况下的动态热力特性，对提高液压系统热力学建模及仿真的精度具有较好的参考意义。

马肖丽[172]基于对阀芯与阀套之间的直径间隙进行了理论分析，采用 AMESim 软件对高速弹射系统中的插装溢流阀进行建模与仿真，得出不同直径间隙下的间隙泄漏量，并且分析了直径间隙对插装溢流阀的泄漏流量、加速度、阀芯位移的影响。

吕玥婷[173]建立了滑阀多物理场耦合热力学模型，联合采用 Fluent 和 Ansys 软件，得到油液温度场，固体温度场以及热变形规律，得出固体的径向变形会使得阀芯阀套的配合间隙减小。

王安麟[174]等针对由黏性发热引起的液压滑阀卡滞问题，采取顺序耦合分析方式，对液压滑阀结构进行流固热耦合分析，获得阀芯变形引起液压滑阀卡滞的敏感因子，以响应面函数模型表达阀芯变形与敏感因子之间的函数关系；为减小外界随机因子对性能的影响，应用6R法则优化可设计因子，以蒙特卡罗随机分析方法验证设计后阀芯变形对外界因子随机变化的健壮性。确定出阀芯结构、滑阀开度、负载流量和介质温度是引起液压滑阀卡滞的敏感性因素。

李永林[175]等针对液压锥阀的热特性问题，考虑油液物理特性变化对锥阀节流损失的影响，采用控制体方法建立了锥阀的热力学模型，对包含锥阀的简单液压系统进行了数值模拟。在不同进口压力下对锥阀的热特性进行了试验研究，得到了锥阀节流损失系数相对油液温度的变化和锥阀进出口温度的变化。

液压技术遍布整个工业控制领域，包括一些高科技领域，为了达到更加精准的控制，对控制元件的特性要求将更加苛刻。因此在研究插装阀流量特性时，考虑阀套和阀芯变形对于节流口过流面积及阀套阀芯间配合间隙的影响，将是液压元件设计理论不断完善化所必须的。阀套阀芯的变形既包括液体节流损失引起温度变化的热变形，也包括受到的油液压力产生的机械变形，所以需对插装锥阀进行热流固耦合分析。流固热耦合分析包括阀内液流流场分析、阀内液流温度场分析、锥阀固体域（阀芯阀套）温度场分析及固体的应力应变分析（既包括流场分析结果传递的液体压力产生的机械应变，也包括温度引起的热应变）等几部分。

对于液压控制阀中典型的锥阀和滑阀两种形式，目前仅有对滑阀进行传热分析和讨论，但没有精确的热载荷关于插装锥阀的计算，对插装锥阀的热分析仅限于凭经验简单的估算或利用经验公式的热力学建模。实际上，对插装型锥阀温度场的分析需要针对液流流体域，阀芯、阀套和阀体固体域整体进行，更切合工程实际。对于插装型锥阀整体进行流固热耦合的研究还未见相关报道。针对插装型锥阀进行全面的流固热耦合分析对锥阀进行更精确的建模分析具有一定的指导意义。

第 2 章　理论基础

2.1　计算流体力学概述

计算流体动力学（Computational Fluid Dynamics，CFD）是建立在经典流体动力学与数值计算方法基础之上的一门新兴独立学科，通过计算机数值解析分析计算包含有流体流动和热传导等相关物理现象的工程系统，能实现图像可视化显示。

计算流体力学的基本思想是用一系列有限个离散点上的变量值的集合代替原来在空间域和时间域上连续的物理量的场，如速度场、温度场和压力场。通过一定的原则和方式建立起关于这些离散点上场变量之间关系的代数方程组，然后求解代数方程组获得场变量的近似值[176]。简言之，在电子计算机上通过数值求解各种简化的或非简化的流体动力学基本方程，获取各种条件下流场的数据，得到的数据是流体力学基本方程的近似的数值解。计算流体力学是当今最活跃的研究领域之一，自 20 世纪 60 年代中形成一独立的学科分支以来已成为解决工程实际问题研究流体运动规律的三大手段（理论、实验、计算）之一。

采用 CFD 的方法对流体流动进行数值模拟，前提是建立物理问题的数学模型，即建立反映流体各个量之间关系的微分方程及相应定解条件；然后建立针对控制方程的数值计算方法，这是计算流体力学的基础也是核心内容，不仅包括微分方程的离散化方法及求解方法，还包括贴体坐标的建立、边界条件的处理等；接着进行计算网格划分、初始条件和边界条件的输入和控制参数的设定等；最后显示计算结果，分析结果，得出结论。以上这些步骤构成了 CFD 数值模拟的全过程。

计算流体力学作为研究工具，现已成为分析设计与流体相关的动力系统的重要工具，这源于其具有很多独特的优点。

第一，计算流体力学方法能够求解解析手段难以求解或是难以达到满足工程要求的解析解的问题。而大多数流动问题都是求解关于多个自变量、呈非线性特征的控制方程，加上计算域的几何形状和边界条件复杂，这类问题通过理论分析方法求解是不现实的。

第二，计算流体力学在很多场合可替代或必须替代试验研究。对于一些特殊的环境工况，如超高温、超高压场合，计算域尺寸特殊的场合和一些高危场合，难以进行试验研究或进行试验研究不可行的流体问题，可利用计算流体力学进行各种数值试验，不受物理模型和试验模型的限制，适应性更强。即使是具备试验研究条件的流体问题，计算流体力学与试验研究相比，也具有成本低、速度快、更灵活、更简便的优势。通过计算流体力学进行数值计算，有助于深刻理解流体问题产生的机理，指导试验安排、试验结果整理和规律的总结。计算流体动力学进行液压阀内流场可视化分析，比采用试验可视化方法如 DIPV 等更容易、更直接。在阀的初步设计阶段，用计算流体力学可以较快地进行多种工况和多种方案的对比分析，且可减少和避免风险，相对于试验阶段更省时，而且可以节约经济开支。

第三，相对于试验研究和解析计算，计算流体力学可获得更加翔实、完整的流场信息。通过 CFD 的数值模拟结果可以细化到流场的任何空间域和时间域中的所有物理量值，给出流场包括压力、速度、温度等所有详尽的数据。便于发现在试验研究和解析计算中不易发觉的现象，能方便地识别一些关键参数的影响和探索力学现象相互作用的结果和规律，研究流动机理很方便。并可灵活修改各种结构参数、边界条件和初始条件，优化设计流场结构。

　　近年来，计算流体力学的商业软件大量涌现，并成功应用于相关流体机械与流体工程等各种技术科学领域。过去计算流体力学只是研究和发展部门的专家使用的工具，现在计算流体力学技术已经广泛应用于工业生产和设计部门，现已成为解决各种流体流动与传热等工程实际问题的强有力的工具。随着计算流体力学相关技术和算法理论的快速发展，计算机容量和运算速度的大幅提升，以往只有通过试验手段才能发现的某些现象和结论，现在已完全可以借助 CFD 模拟来准确获取。

2.2　湍流模型

　　众所周知，黏性是流体的固有属性。1883 年，著名的雷诺实验揭示了黏性流动的两种不同本质的流动形态——层流和湍流，并给出了两种流动形态的表征参数：雷诺数。在锥阀内部的流场，由于节流口过流断面突然缩小，阀内液流流动的特征雷诺数很小，因此在锥阀内部的流场形态大都为湍流流动。

　　研究湍流运动的方法有解析法、实验测量和数值模拟。解析法只能针对简单的湍流运动进行，可得到湍流运动统计特性的近似预测值，对于复杂的湍流形式，解析方法无能为力。尤其是对于不规则的、湍流强度较大的湍流流动，只能通过实验测量和数值模拟，或是两者的结合才能进行研究。自从 20 世纪 70 年代以来，数值模拟方法越来越被广泛地应用于研究湍流运动。描述湍流运动的基本方程是纳维-斯托克斯方程。计算湍流最理想、最直观的方法是直接求解其基本方程，这种模拟方程称为直接数值模拟。受计算机的容量和速度的限制，直接数值模拟目前只能用于研究低雷诺数简单湍流的物理机制。湍流运动由于其各种流体的特征量均随时间和空间坐标呈现随机的脉动，难以通过简单计算求得，统计平均方法是处理湍流运动的另一个基本方法。利用概率统计的方法求得湍流中各种物理量的统计平均值及其他的统计特性，预测湍流的统计量，这种称为雷诺平均数值模拟。它是目前工程应用的唯一方法[177]。介于两者之间的一种数值模拟称为大涡模型。

　　用雷诺平均数值模拟的仿真研究锥阀内部的流场，因其无须获得精确的计算结果，只需要求出给定边界条件和初始条件时阀内液流流动特征量的统计平均值和其他的统计特性，被广泛使用。

　　湍流运动的基本方程为纳维-斯托克斯方程和连续方程。

　　不可压缩流体连续方程

$$\frac{\partial u_i}{\partial x_i} = 0 \tag{2-1}$$

式中：

u_i——i方向流速瞬时值。

不考虑液体的可压缩性，瞬时流动的 N-S 方程可写为

$$\rho\,\frac{\partial u_i}{\partial t} + \rho u_j\,\frac{\partial u_i}{\partial x_j} = \rho g_i + F_i - \frac{\partial p}{\partial x_i} + \mu\,\frac{\partial}{\partial x_j}\left(\frac{\partial u_i}{\partial x_j} + \frac{\partial u_i}{\partial x_i}\right) \tag{2-2}$$

式中：

p— 静态压力；

ρg_i —重力；

F_i —外力；

μ—分子黏度系数。

　　把湍流运动看作由时间平均流动和瞬时脉动流动两个流动叠加而成，用平均值和脉动值之和代替流动变量。则物理量 ϕ 的瞬时值、时均值 $\bar{\phi}$ 和脉动值 ϕ' 之间的关系如下：

$$\phi = \bar{\phi} + \phi'$$

时间平均的方法可以对湍流中的各种物理量施行。以 $u_i = \overline{u_i} + u_i'$ 和 $p_i = \overline{p_i} + p_i'$，代入上式，忽略体积力，然后对方程式取时间平均得到

$$\frac{\partial \overline{u_i}}{\partial x_i} = 0 \tag{2-3}$$

$$\rho \frac{\partial \overline{u_i}}{\partial t} + \rho \overline{u_j} \frac{\partial \overline{u_i}}{\partial x_j} = -\frac{\partial \overline{p}}{\partial x_i} + \frac{\partial}{\partial x_j}(\mu \frac{\partial u_i}{\partial x_j} - \rho \overline{u_i' u_j'}) \tag{2-4}$$

此即湍流时均的运动方程，被称为雷诺方程。其中的 $-\rho \overline{u_i' u_j'}$ 称为雷诺应力，是唯一的脉动量项，可认为脉动量是通过雷诺应力来影响平均运动的，可见，雷诺应力在湍流中占有重要的地位。雷诺应力属于新的未知量，造成了湍流方程的不封闭问题。湍流模式理论就是以雷诺平均运动方程与脉动方程为基础，依靠理论与经验的结合，对雷诺应力作出某种假设，从而使方程封闭可解的理论计算方法。引入由经验确定的参数，建立雷诺应力与流场中的时均量之间的关系，称为湍流的半经验理论。其中最著名的模型假设有 Boussinesq 假定、Prandtl 动量传递混合长理论、Taylor 涡量传递理论等。

Boussinesq 是历史上第一位提出半经验理论来解决湍流问题的学者。对应层流中切应力与流速梯度关系的公式，引入了一个涡黏度 μ_t，建立湍流的雷诺应力与流场中时均流速梯度的关系。

$$\tau_t = -\rho \overline{u_i' u_j'} = \mu_t(\frac{\partial u_j}{\partial x_i} + \frac{\partial u_i}{\partial x_j}) - \frac{2}{3}\rho k \delta_{ij} \tag{2-5}$$

其中
$$\delta_{ij} = \begin{cases} 1 & i = j \\ 0 & i \neq j \end{cases}$$

定义一个相应的系数 ν_t,对应于流体的运动黏度 $\nu = \dfrac{\mu}{\rho}$,称为涡运动黏度或涡黏系数。Boussinesq 假定被应用于 Spalart - Allmaras 模式、$k\text{-}\varepsilon$ 模式和 $k\text{-}\omega$ 模式中。在涡黏模型方法中,是把湍流应力表示成湍动黏度的函数,整个计算的关键在于确定这种湍动黏度,不直接处理雷诺应力项。

2.2.1 RNG$k\text{-}\varepsilon$ 湍流模式

采用 RNG$k\text{-}\varepsilon$ 湍流模式[181]模拟锥阀阀口湍流流动,已有文献验证了其可行性。RNG$k\text{-}\varepsilon$ 模式,是标准 $k\text{-}\varepsilon$ 湍流模式的修正形式,也采用基于 Boussinesq 假定的雷诺应力关联式,由 Yokhot 和 Orszag 等人在 1986 年和 1992 年应用重整化群理论发展并改进[178-179]。该模式求解绕后台阶湍流流动、侧出流横向水道内的流动、分离剪切流和强曲率弯管内分离流的流动,均得到了满意的结果[180]。湍动能的输送方程

$$\rho\,\frac{\partial k}{\partial t} + \rho\,\frac{\partial}{\partial x_i}(k\overline{u_i}) = \frac{\partial}{\partial x_j}\left[\alpha_k \mu_{\text{eff}}\frac{\partial \kappa}{\partial x_j}\right] + G_k - \rho\varepsilon \qquad (2\text{-}6)$$

耗散率的输送方程

$$\rho\,\frac{\partial \varepsilon}{\partial t} + \rho\,\frac{\partial}{\partial x_j}(\varepsilon\overline{u_j}) = \frac{\partial}{\partial x_j}\left[\alpha_\varepsilon \mu_{\text{eff}}\frac{\partial \varepsilon}{\partial x_j}\right] + C_{1\varepsilon}\frac{\varepsilon}{k}G_k - C_{2\varepsilon}\rho\,\frac{\varepsilon^2}{k} - R_\varepsilon \quad (2\text{-}7)$$

其中 $G_k = -\rho\,\overline{u_i' u_j'}\dfrac{\partial \overline{u_j}}{\partial x_i}$,也可表示为 $G_k = \mu_t S^2$,其中 S 为平均应变率张量的模,$S \equiv \sqrt{2S_{ij}S_{ij}}$。平均应变率张量为 $S_{ij} = \dfrac{1}{2}\left(\dfrac{\partial \overline{u_i}}{\partial x_j} + \dfrac{\partial \overline{u_j}}{\partial x_i}\right)$,在重整化群理论中,湍流尺度消除过程中导出湍流黏度的微分方程

$$d \left(\frac{\rho^2 k}{\sqrt{\varepsilon\mu}} \right) = 1.72 \frac{\hat{\nu}}{\sqrt{\hat{\nu}^3 - 1 + C_\nu}} d\hat{\nu} \qquad (2\text{-}8)$$

将其积分后，在模拟低雷诺数和近壁区域的流动时描述有效湍流随有效雷诺数的变化。其中 $\mu_{\text{eff}} = \mu\hat{\nu}$，$C_\nu \approx 100$。在高雷诺数时，湍流黏度的方程同标准 $k\text{-}\varepsilon$，为 $\mu_t = \rho C_\mu \frac{k^2}{\varepsilon}$，但 $C_\mu = 0.0845$，不同于标准的 0.09。在 Fluent 的 RNG$k\text{-}\varepsilon$ 湍流模式中还可根据涡流或漩涡的强度对湍流的影响，对湍流黏度进行修正。

逆有效普朗特数 a_k 和 a_ε，计算公式如下：

$$\left| \frac{a - 1.3929}{a_0 - 1.3929} \right|^{0.6321} \left| \frac{a + 2.3929}{a_0 + 2.3929} \right|^{0.3679} = \frac{\mu_{\text{mol}}}{\mu_{\text{eff}}} \qquad (2\text{-}9)$$

其中，$a_0 = 1$。

高雷诺数时，$a_k = a_\varepsilon \approx 1.393$，$C_{1\varepsilon} = 1.42$，$C_{2\varepsilon} = 1.682$

$$R_\varepsilon = \frac{C_\mu \rho \eta^3 (1 - \eta/\eta_0)}{1 + \beta\eta^3} \frac{\varepsilon^2}{k} \qquad (2\text{-}10)$$

式中，$\eta = Sk/\varepsilon$，$\eta_0 = 4.38$，$\beta = 0.012$。

此项是 RNG$k\text{-}\varepsilon$ 和标准 $k\text{-}\varepsilon$ 模式的主要区别所在。

2.2.2 湍流传热模型

在 Fluent 中使用湍流动量传输的雷诺类似律模拟湍流传热。建立的方程为

$$\frac{\partial}{\partial t}(\rho E) + \frac{\partial}{\partial x_i}\left[u_i(\rho E + p)\right] = \frac{\partial}{\partial x_j}\left[k_{\text{eff}}\frac{\partial T}{\partial x_j} + u_i(\tau_{ij})_{\text{eff}}\right] \quad (2\text{-}11)$$

式中：

E ——总能量，$E = \int_{T_{\text{ref}}}^{T} c_p \mathrm{d}T + \frac{v^2}{2}$，$T_{\text{ref}} = 298.15\mathrm{K}$；

k_{eff} ——有效热导率，$k_{\text{eff}} = a c_p \mu_{\text{ref}}$；

a 由式（2-9）计算得出，其中 $a_0 = 1/P_r = k/\mu c_p$；

$(\tau_{ij})_{\text{eff}}$ ——偏应力张量，$(\tau_{ij})_{\text{eff}} = \mu_{\text{eff}}\left(\frac{\partial u_j}{\partial u_i} + \frac{\partial u_i}{\partial x_j}\right) - \frac{2}{3}\mu_{\text{eff}}\frac{\partial u_k}{\partial x_k}\delta_{ij}$。

在固体区域，能量方程对于固体部分，增加了由温差引起的热变形项：

$$\frac{\partial}{\partial t}(\rho h) + \nabla \cdot (\vec{v}\rho h) = \nabla \cdot (k\nabla T) + S_h \quad (2\text{-}12)$$

式中：

h ——显焓 $h = \int_{T_{\text{ref}}}^{T} c_p \mathrm{d}T$；

k ——固体材料的热导率；

T ——温度；

S_h ——体积热源。

2.3　两相流数学模型

目前，CFD 商业软件对工程应用可提供更多详细的流场，包括任何位置任何时刻的物理量的值，发展完善两相流动模型是 CFD 商业软件面临的重要挑战，对两相流动现象与过程进行精确预测与控制，需要合理选择流体现象的适当描述方法及数学模型与数值方法。很多文献进行了液压元件内两相流的流场计算，并通过实验验证了仿真计算的可行性。本书采用 Fluent 软件进行锥阀内部气穴现象计算，以下仅对使用的两相流动模型进行较详细的叙述。

Fluent 软件提供了三种基于欧拉 – 欧拉方法计算两相流动模型，VOF 模型（Volume of Fraction Model）、混合物模型（Mixture Model）、欧拉模型（Eulerian Model）。三种模型模拟计算问题的侧重点不同，因此具有特殊的使用范围。

VOF 模型主要通过求解各自组分独立的动量方程，追踪两个相界面来进行模拟计算两相流体分层流动，或自由界面问题。VOF 模型中的相之间没有互相穿插，对增加的每一个附加项引入体积分数变量来描述。在每个控制体积内，所有相的体积分数的和为1。但 VOF 模型不能用来模拟计算组分混合以及有化学反应的流动。混合物模型可用于两相流或多相流，且可模拟各相有不同速度的多相流，通过求解混合物的连续性方程、动量方程和能量方程，副相的体积分数方程以及相对速度的代数表达式实现。当求解变量的个数较少时，混合物模型也可以得到很好的结果。欧拉模型是多相流模型最复杂的一种模型，建立了每一相的动量方程、连续方程和能量方程，利用各界面交换系数和压力项来封闭方程组。虽然欧拉模型比混合物的计算精度高，但当存在大范围的颗粒相分布或者相间界面规律位置不确定时，采用欧拉模型是不现实的。

液流经过节流口速度增大，压力降低，如果压力降低到液体的气液分离压或液体饱和蒸汽压之下，就会析出气体或产生气泡。此时需要用两相模型对阀内部流场进行数值模拟分析。这里采用 RNGk-ε 湍流模型和 Mixture 两相流模型对阀内流场进行了模拟仿真，其中气液质量传输方程选用完整空穴模型。

2.3.1　Mixture 两相流模型

混合物模型可用于两相流或多相流，且可模拟各相有不同速度的多相流，通过求解混合物的连续性方程、动量方程和能量方程，副相的体积分数方程以及相对速度的代数表达式实现。

（1）连续方程

$$\frac{\partial}{\partial t}(\rho_m) + \nabla \cdot (\rho_m \vec{v}_m) = 0 \qquad (2\text{-}13)$$

式中：

ρ ——物体密度，下标 v、l、m 分别表示气体，液体和混合物；

ρ_m ——混合物密度，$\rho_m = a\rho_v + (1-a)\rho_1$；

$\vec{v}_m$ ——质量平均流速，$\vec{v}_m = \dfrac{a\rho_v \vec{v}_v + (1-a)\rho_1 \vec{v}_1}{\rho_m}$；

a ——气相的体积含量。

不考虑相间滑移速度。

（2）动量方程

$$\frac{\partial}{\partial t}(\rho_m \vec{v}_m)$$
$$+ \nabla \cdot (\rho_m \vec{v}_m \vec{v}_m) = -\nabla p + \nabla \left[\mu_m (\nabla \vec{v}_m + \nabla \vec{v}_m^T) \right] + \rho_m g \quad (2\text{-}14)$$

式中：

μ ——黏度；

μ_m ——混合物黏度，$\mu_m = a\mu_v + (1-a)\mu_1$。

（3）能量方程

$$\frac{\partial}{\partial t}\left[(1-a)\rho_1 E_1\right] + \frac{\partial}{\partial t}(a\rho_v E_v) +$$
$$\nabla \cdot \left[a\vec{v}_v(\rho_v E_v + p) + (1-a)\vec{v}_1(\rho_1 E_1 + p) \right] = \nabla \cdot (k_{eff} \nabla T) \quad (2\text{-}15)$$

式中：

k_{eff} ——有效热导率，$k_{eff} = (1 - a)k_{eff} + ak_{eff}$。

（4）气相的体积含量方程

$$\frac{\partial}{\partial t} a\rho_v + \nabla \cdot (a\rho_v E_v) = \dot{m}_{lv} - \dot{m}_{vl} \tag{2-16}$$

在大部分工程实际中，大量的空核产生表明气穴发生了，所以气穴模型重点是要正确地描述气泡的生长和破裂过程。如果液体和气泡之间的滑移速度为零，气泡动力学方程通过广义的 Rayleigh – Plesset 方程获得。

忽略二阶项及表面张力，简化后的广义 Rayleigh – Plesset 方程为

$$\frac{DR_B}{Dt} = \sqrt{\frac{2}{3} \cdot \frac{P_B - P}{\rho_l}} \tag{2-17}$$

式中：

R_B ——气泡半径；

P_B ——气泡表面压力；

P ——局部远场压力。

此方程将气泡动力的影响引入了气穴模型。

2.3.2 完整空化模型

对于气液两相间质量传输方程，很多学者进行了研究，P. J. Zwart 和 A. G. Gerber[182-183]等假定系统中气泡尺寸相同，给出使用气泡数计算的相间质量传输率方程。Schnerr 和 Sauer[184]也提出了一种气穴模型，其中的质量传输率正比于气相体积含量与液相体积含量的乘积。采用基于广义 Rayleigh – Plesset 方程的

完整空化模型[185-186]以气相质量分数为传输方程的独立变量。这个模型可考虑空泡在相变过程中所受阻力和表面张力、湍流压力波动以及实际流体中的非凝结性气体含量的所有一阶项的影响。为了获得净相间变化率，Singhal et al. 联立两相连续性方程：

液相连续性方程

$$\frac{\partial}{\partial t}\big[(1-a)\rho_l\big] + \nabla \cdot \big[(1-a)\rho_l \vec{v_l}\big] = -R \qquad (2-18)$$

气相连续性方程

$$\frac{\partial}{\partial t}(a\rho_v) + \nabla \cdot (a\rho_v \vec{v_v}) = R \qquad (2-19)$$

混合相连续性方程

$$\frac{\partial}{\partial t}(\rho_m) + \nabla \cdot (\rho_m \vec{v_m}) = R \qquad (2-20)$$

得出混合密度与气体体积含量之间的关系

$$\frac{D\rho_m}{Dt} = -(\rho_l - \rho_v)\frac{Da}{Dt} \qquad (2-21)$$

同时将气体体积含量表示为气泡数密度和气泡半径的关系

$$a = n\left(\frac{4}{3}\pi R_B^3\right) \qquad (2-22)$$

联立以上方程，最终得到相间变化率

$$R = \frac{3a}{R_B}\frac{\rho_v\rho_1}{\rho_m}\left[\frac{2}{3}\left(\frac{P_B-P}{\rho_1}\right)\right]^{\frac{1}{2}} \tag{2-23}$$

式中：

R——净相间变化率，表示气体的生成率或蒸发率。

可以看出，单位体积传质率不仅跟气相密度有关，还与液相密度、混合密度相关。由于方程有相体积含量方程推导得出，故可以正确描述气液之间的质量传输。

基于上式，Zwart P. J. 提出一种以气体质量含量为独立变量的传输方程模型

$$\frac{\partial}{\partial t}(f_v\rho_v) + \nabla\cdot(f_v\rho_v\vec{v}_v) = \nabla\cdot(\Gamma\nabla f_v) + R_e - R_c \tag{2-24}$$

式中：

f_v——液体质量含量；

Γ——扩散系数。

其中的净相间变化率由下面的式子确定。

当 $P < P_v$ 时

$$R_e = C_e\frac{V_{ch}}{\sigma}\rho_1\rho_v\sqrt{\frac{2(p_v-p)}{3\rho_1}}(1-f) \tag{2-25}$$

当 $P > P_v$ 时

$$R_c = C_c\frac{V_{ch}}{\sigma}\rho_1\rho_v\sqrt{\frac{2(p_v-p)}{3\rho_1}}f \tag{2-26}$$

饱和压力由局部湍流压力波动值进行了修正

$$p_{\mathrm{v}} = p_{\mathrm{sat}} + \frac{1}{2}(0.39\rho k) \qquad (2\text{-}27)$$

以上式中：

V_{ch}——特征速度 $V_{\mathrm{ch}} \approx \sqrt{k}$ ；

σ——液体的表面张力系数；

p_{sat}——液体的饱和蒸汽压；

C_{e}、C_{c}——经验常数，取为 0.02 和 0.01 。

2.4　多物理场耦合模型

插装阀内节流损失转变为热量，阀口节流口处的油液温度变化，使得阀芯阀套在液压力和热应力共同作用下产生变形，阀芯阀套的变形反过来影响液流流动和温度场。图 2-1 为所研究的插装阀内流固热三种物理场之间的耦合示意图。所以为了更切合工程实际，进行插装阀的流固热耦合仿真，需同时建立液流、阀芯、阀套、阀体等整个阀系统。

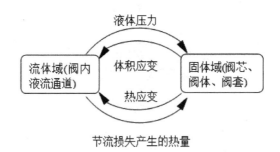

图 2-1　多物理场耦合示意

2.4.1　多物理场耦合概述

多物理场耦合分析是对两个或两个以上物理场间相互作用、相互影响进行分析。所谓流固热耦合是指在实际系统中存在的由流体、固体和变化温度场三个物理场之间的交互影响，是液流流场、固体域的力场、温度三场同时存在时的基本问题。流固热耦合基于流固耦合，若在流固耦合理论中假设温度场是恒定的，或者是只考虑流体流动、固体变形间的耦合作用，不考虑温度场的变化与它们的耦合作用，则流固热耦合简化为流固耦合，所以流固热三场耦合理论是由流固两场耦合理论发展而来的。但是，对于考虑温度场的变化对流固耦合作用的影响这一类问题，就应该考虑流固热耦合模型，如考虑液流元件中液流损失产生的热量时的情况。流固热耦合问题不仅仅是简单地体现温度变化的条件附加在流固耦合问题上，而是将流体压力、固相质点位移、绝对温度这些体现流体流动、固体变形、温度场变化的量同时视为基本变量，且这些基本变量都处于平等地位。对于实际存在的流固热耦合问题，既包括由热效应与流体压力引起的固体变形，也要考虑固体域变形与流体流动引起的温度场变化，同时需要研究固体变形与热效应导致流体物理属性和流体压力的改变从而影响流体流动特性，以上这三种效应是交互影响、同时发生的。

流固耦合理论是一个多学科交叉的研究领域，涉及流体力学、固体力学等，是现代工程领域的研究热点和难点之一，也是流固热耦合的理论基础。

随着计算科学不断发展，数值分析方法不断更新，流固耦合研究从 20 世纪 80 年代以来，引起了世界学术领域和工业领域的广泛关注。近年来，流固耦合的分析和应用、流固耦合理论的研究都获得了迅速的发展，并逐步推广到实际工程领域中。流固耦合问题是流体力学与固体力学交叉而生成的一门力学分支，同时也是多学科或多物理场研究的一个重要分支，它是研究可变形固体在流场作用下的各种行为以及固体变形对流场影响这两者相互作用的一门科学[187]。流固耦合现象广泛存在于多个领域，具有广泛而重要的工程应用背景，是目前很多领域研究的热点和难点之一。流固耦合问题可以理解为同时进行固体求解及流体求解，且不忽略两者之间的相互影响的模拟问题。由于同时考虑流体特征和固体结构及其两者影响，可保证分析结果更接近于物理现象本身的规律，且可以有效降低成本、缩短分析时间。对流固耦合问题进行研究涉及流体力学理论基础、固体力学理论基础、流固耦合理论、数值分析方法等多方面的问题。流固耦合问题包括对流体和固体的分析计算理论以及流体和固体的耦合关系，所以流固耦合问题的基础理论包括流体力学和固体力学两部分，需从计算流体力学和计算固体力学着手探究流固耦合的基本原理。

流体流动要遵循基本的物理守恒定律，包括质量守恒定律、动量守恒定律、能量守恒定律，这些方程在湍流模型中已有介绍。固体部分的守恒方程可以由牛顿第二定律导出。流固热耦合中要同时考虑流体和固体的能量传递，再加上能量方程。

流固耦合也需遵循最基本的守恒原则，所以在流固耦合交界面处，应满足流体与固体应力（t）、位移（d）、热流量（q）、温度（T）等变量的相等或守恒，即满足如下 4 个方程：

$$\tau_f n_f = \tau_s n_s$$
$$d_f = d_s$$
$$q_f = q_s$$
$$T_f = T_s \tag{2-28}$$

其中，流体相关变量用下标 f 表示，固体相关变量由下标 s 表示。

2.4.2　多物理场耦合理论

2.4.2.1　流固耦合方法[187]

目前，用于解决流固耦合问题的方法从时间步角度分类主要有两种：直接耦合式解法或统一耦合解法（directly coupled solution，也称为 monolithic solution）和分离解法或载荷传递法（partitioned solution，也称为 load transfer method）。

统一耦合解法是将耦合项与流体域、固体域构造在同一控制方程中，在同一时间步内同时求解所有变量，在理论上非常先进和理想。直接求解构造出的统一形式的流体、固体结构控制方程，物理概念清晰，而且对流固控制方程同时求解，不存在时间滞后问题。但是，在实际应用中同步求解的收敛难度较大，且对计算资源要求较高，限制了其应用，目前主要应用于一些非常简单的研究中，如压电材料模拟等电磁 – 结构耦合和热 – 结构耦合，不适用于数值计算解决复杂的实际工程问题，还没有在工业应用中广泛推广。

分离解法在同一求解器或不同的求解器中对流体控制方程和固体动力学方程在每一时间步内依次求解，并将流体域和固体域的计算结果（如流体压力和固体位移等）通过在耦合界面的插值计算进行交换，不需要耦合流固控制方程。如某一时刻的收敛精度符合了求解要求，计算下一时刻的值，直到求得最终的结果。分离解法是以此求解两个方程，时间上存在滞后问题，而且耦合界面上的能量存在不完全守恒的特点。但相比于直接耦合式解法，这种方法的优势也很突出，在求解过程中 CFD 和 CSD 计算相互独立，所以可充分发挥计算流体力学和计算固体力学各自领域已有的优势，利用现有的方法和程序，计算模块的完整性得以保持。将不同物理场中性质不同的问题进行分割并隔离在不同区域，数值的计算效率和性能被大大提高，大幅降低了对计算机内存的需求，用来对实际的大规模问题进行求解也是可行的。目前，几乎所有商业 CAE 软件在进行流固耦合分析时都采用分离解法求解流固耦合问题。从算法上讲，Ansys（也包括其他大型商业软件）也是采用分离解法，故在求解流固耦合问题的过程中既考虑流体和固体的数值分析方法，同时也要考虑两种方法之间的耦合。

流固耦合分析分离解法按数据传递角度进行分类，还可以分为两种：单向流固耦合分析（uni-directional coupling 或 one-way coupling）和双向流固耦合分析（bi-directional coupling 或 two-way coupling）。按照求解顺序的不同，双向耦合又可分为同时求解法（simultaneous solution）和顺序求解法（sequential solution），图 2-2 简要概括了基于 Ansys 的耦合分析类型，具体解释如下。

单向流固耦合分析，顾名思义是指耦合交界面处的数据传递是单向的，通常是首先进行 CFD 计算分析，将得到的结果（如温度、压力和对流载荷这些量值）作为边界条件传递给固体结构分析，但是固体结构分析结果并不反过来传递给流体分析。单向流固耦合分析方法适合于只考虑流体分析对结构分析的影响，忽略掉固体分析对流体分析影响的场合，这种情况固体结构分析的变形等结果非常小，忽略掉亦可满足工程计算的需要，不需要将变形反馈给流体。另外，一种单向耦合分析是固体运动且固体变形忽略不计的情况下，分析运动轨迹的刚体对流体的影响，此类问题一般通过用户自定义函数设定固体运动轨迹，可以单独在 CFD 求解器中完成。通常来讲，如果只考虑静态结构性能，对大多数耦合作用现象，采用单向耦合分析就足够了。

双向流固耦合分析是指耦合交界面处的数据交换是双向的，固体结构分析结果（如位移、速度和加速度）传递给流体分析，流体分析的结果（如压力）反向传递给固体结构分析。流体和固体在高速、高压下或流固介质密度比相差不大的场合多用此

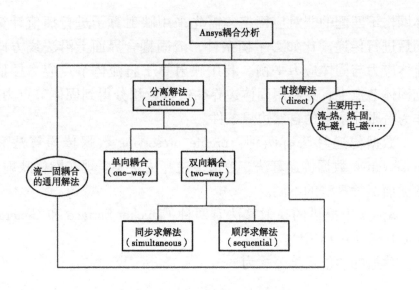

图 2-2 Ansys 的耦合分析类型

类分析，这些场合固体变形一般都比较明显且对流体的流动有显著影响，或者即使压力很小也不能被忽略掉需要将结构变形反馈给流体，或要考虑振动等动力学特性的情况。阀腔产生的变形相对较小，对液流流场影响较小，可采用单向耦合。

2.4.2.2 耦合面的数据传递

　　流固耦合中的数据传递是指将固体结构计算结果和流体计算结果通过流固耦合交界面相互交换传递的过程。耦合界面上的数据传递问题也是流固耦合研究的热点和难点，现已有多种网格更新和数据传递的新方法出现并一直在更新。

　　流固耦合需遵循最基本的守恒原则，在流固耦合界面上应满足流体与固体相关基本变量的相等或守恒。固体网格将结构变形传递给流体网格，流体网格将流体荷载传递给固体网格，不管流固网格对应与否，即使是相差很大的非对应网格，经过严格的耦合设置，Ansys 多场求解器都能很好地完成数值传递。对于完全对应一致的流固网格，即流体节点与固体节点重合时，流固耦合界面处的数据传递通过对应节点完成；对于流体和固体网格不匹配的非对应网格，需先采用映射算子进行插值计算而后进行传递。比如力平衡条件，流固耦合界面上沿法线方向流体应力与固体应力平衡。利用映射算子将流体节点应力插值到固体节点上，并利用固体边界插值函数积分得到固体节点力，作为有限元求解的自然边界条件。

数据传递算法有两种：profile preserving 数据传递算法和conservative 数据传递算法。数值传递算法主要表现在网格映射、数据插值等算法的不同。

Ansys 中提供的映射算法有两种：Bucket Surface 和 General Grid Interface （GGI）。

数据的插值运算公式为

$$\varphi = \sum_{i=1}^{n} w_i \varphi_i$$

式中：

w_i ——对应于映射算法得出的权重因子；

φ_i ——对应节点的值；

n ——采用 Bucket Surface 映射算法时表示节点数，采用 General Grid Interface （GGI） 映射算法时表示对应面的个数。

对接收端而言，profile preserving 插值法为一种主动问询式传递，数据接收端的所有节点映射到数据发射端的相应单元上，要传递的参数数据在发射端单元的映射点完成插值运算后，传递给接收端。使用 profile preserving 插值法传递参数数据时（如力、热通量等），发射端和接收端的数据有可能不守恒。但是对位移和温度，保持整体上的守恒不是很有意义，反而局部的分布轮廓更需要精确传递，所以对位移和温度的传递，采用 profile preserving 方法。插值算法中需要的权重通过 Bucket Surface 映射算法提供，如图 2-3 所示。

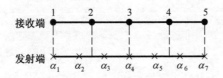

图 2-3　profile preserving 插值法

conservative 数据传递中，插值算法需要的权重通过 General Grid Interface（GGI）映射算法，如图 2-4 所示。如果流固耦合面完全重合对应，交界面上的参数数据从全局到局部很容易实现数据的精确传递。

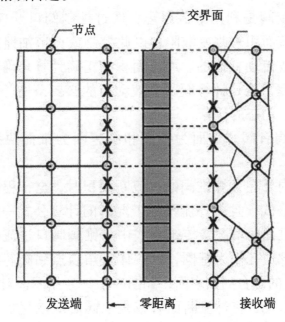

图 2-4　conservative 插值法

针对流固耦合面不完全对应的情况，采用设置 0 值、特殊边界条件等方法忽略不对应区域数据的传递，从而使得 conservative 方法仍保持严格的守恒传递。对质量、动量、能量相关参数，如力、热通量等参数的传递在耦合交界面处需要保持总体守恒的量，采用 conservative 方法。

第 3 章　锥阀过流断面的确定和计算

3.1　引言

液压控制阀是利用节流原理，通过控制阀口开口度大小，改变阀口通流面积来改变液阻，以此控制或调节油路中油液的压力、流量或流动方向的。通流面积的正确计算是确定通过阀口流量的前提，也是计算阀所受液动力的必要条件，直接影响液压系统静、动态的计算。

液压锥阀有阀芯表面为锥面和阀座面为锥面两种，如图 3-1 所示。

目前国内外在计算锥阀的过流断面积时，全行程内都采用统一的计算公式，且内外流不同工况时的计算公式一致。对于阀芯表面为锥面的情况，传统公式中将锥阀阀口过流断面看成是以阀体底部通孔作为基圆，以阀体直角顶点到阀芯锥部的垂线 AB 为母线的圆台的侧表面，如图 3-1（a）所示。对于阀座表面为锥面的情况，将过流断面看成是以阀芯底端直径处作为基圆，以阀芯直角顶点到阀座锥部的垂线 CD 为母线的圆台的侧表面，如图 3-1b 所示。不管哪种情况，过流断面都是由实际连线得到的圆台侧面积确定出阀口过流面积的解析表达式，过流断面只是母线长度不同，面积大小不同。

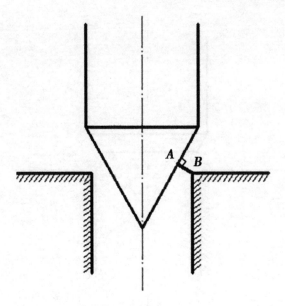

（a）阀芯带锥

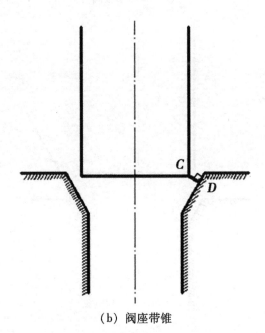

（b）阀座带锥

图 3-1　过流断面计算示意图

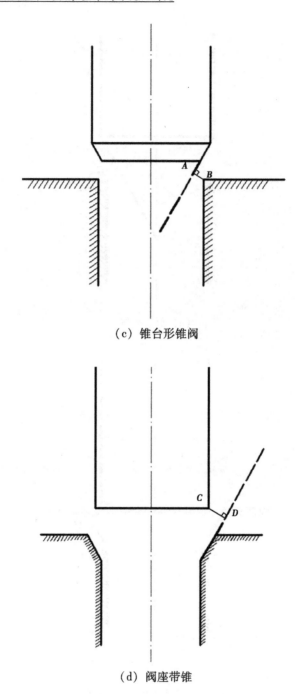

（c）锥台形锥阀

（d）阀座带锥

图 3-1　过流断面计算示意图（续）

但在实际应用中，阀芯带锥的锥阀，特别是用作主阀的锥阀，都采用不完整的锥面，如图 3-1（c）如示，对于阀座带锥的锥阀，阀座锥部高度并不大，如图 3-1（d）如示。对于锥台形锥阀，从图 3-1（c）中可直观地发现阀芯大行程位移时，即开口度较大时，阀座直角点 B 到阀锥部的垂足 A 不在实体上，即圆台是不存在的，所以传统阀口面积公式已经不适用了。如果仍以传统公式计算，显然不合理。同样，对于阀座带锥的锥阀，阀芯在大行程时，阀芯直角点 C 到阀座锥部的垂足 D 也不在实体上，所以传统公式对于阀芯大行程时过流断面的计算也是不适用的。

那么，这种情况下过流断面究竟是什么情况，如图 3-1（c）、图 3-1（d）中，过流断面位置如何？面积该怎样计算？对于这一问题，尚未有人提出，也未见有这方面相应的研究报道。这个问题不解决，将直接影响到计算通过锥阀的流量和锥阀液动力的准确性。

以往对于液压阀的设计、计算，无论是理论计算还是试验研究，大都是为了求解或改善液压阀的流量特性，或者说是阀的外部性能特征。传统的理论计算只是几个典型的特征参数所表现的解析公式或是实验数据直接给出的特征曲线。随着计算机水平以及 CFD 技术的不断发展完善，利用数值模拟的方法来代替试验研究成为当今工程设计的趋势，试验研究通常用来作数值模拟的验证。

通过分析得到的阀内流场信息，研究阀的流动机理更方便，对阀的设计计算更有针对性的指导意义。根据具体的流场细节，方便找出特征参数对其流量特性的影响原因，根据其影响进行阀性能的改进和特性的匹配减小盲目性，且更可行可信。通过对锥阀流场进行 CFD 仿真计算，分析研究锥阀内部流场特点，从流场的角度研究锥阀在不同行程时内外流两种工况时的阀口过流特性。基于流场分析，确立阀芯在不同开口度时锥阀的过流断面位置，通过理论计算推导其计算公式。

3.2　阀芯带锥锥阀

3.2.1　计算模型的确立和计算条件

为便于比较分析，仿真模型取为阀芯锥部完整的全锥锥阀和锥部高度为 2.8 mm 的锥台形锥阀。图 3-2 为建立的锥台形锥阀几何模型。为了更好地体现阀芯锥部结构不同的锥阀流场特性，将阀的进出口长度取为对应通孔直径的 4 倍，这样可以使得进出锥部阀口处的流动为充分流动。采用面向 CFD 的前处理器 Gambit 建立锥阀三维轴对称模型和网格划分。考虑到计算机运行时间和存储容量，在入口和出口处采用较粗的网格，在研究的关键区域阀口处进行局部细化，并在计算时以压力梯度为自适应函数，进行网格自适应细化。

图 3-2　锥台形锥阀几何模型

利用 CFD 商业仿真软件 Fluent 进行仿真计算，阀芯开度取 0.5 ~ 8 mm 的大行程范围。进出口边界条件取为压力入口和压力出口，并对锥阀内流式和外流式两种流动状态都进行了分析。

在计算过程中对计算模型和流动状态进行了如下设置：流动状态为紊流，采用 RNGk-ε 紊流模型；流场中的流动是单相流；流体与壁面接触的边界为静止壁面。

3.2.2　过流断面的可视化分析

由于锥阀是三维轴对称模型，所以只给出阀芯轴对称面的流场参数分布图。图 3-3 和图 3-4 分别为全锥锥阀和锥台形锥阀在内外流不同流动工况的对称面速度矢量图。

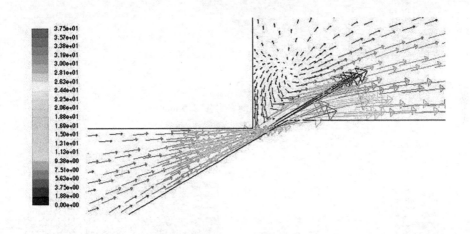

（a）全锥锥阀，开度 1 mm

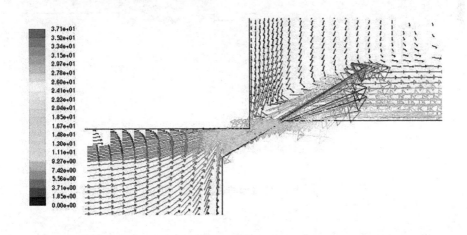

（b）锥台形锥阀，开度 1 mm

图 3-3　外流流动速度矢量

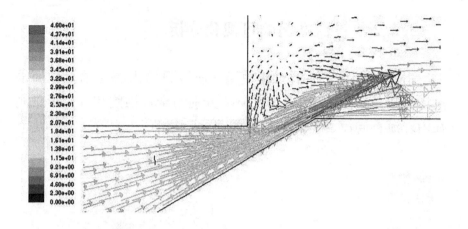

（c）全锥锥阀，开度 2.5 mm

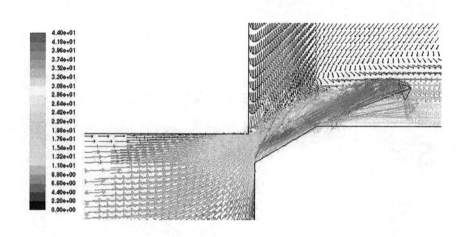

（d）锥台形锥阀，开度 2.5 mm

图 3-3　外流流动速度矢量（续）

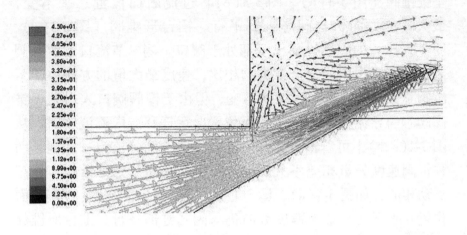

（e）全锥锥阀，开度 4 mm

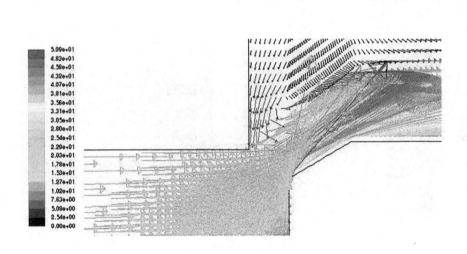

（f）锥台形锥阀，开度 4 mm

图 3-3　外流流动速度矢量（续）

　　对于外流流动，从图 3-3 中可看出在开口度较小时，两种锥阀速度矢量相差不大，由于阀芯锥部的导流作用，最大速度的速度方向与阀芯锥部平行，过流断面相同。在开口度较大时，全锥锥阀［图3-3(c)、图3-3(e)］过流断面位置几乎不变，最大速度方向仍与阀芯锥部平行。锥台形锥阀［图3-3(d)、图3-3(f)］的阀芯锥部已全部处于阀口一侧，节流口下游有阀芯锥部导流作用，与全锥锥阀相比，速度最大值的方向由于下游阀芯锥部的导流作用保持不变，但由于锥阀阀口入口处无锥阀阀芯的导流作用，过流断面位置向后迁移。内流流动时，从图3-4(a、b)中可看出，在开口度较小时，同外流流动相同，两种锥阀速度矢量相差不大。在开口度较大时，全锥锥阀与外流流动相同，如图3-4(a)、图3-4(c)、图3-4(e)所示，过流断面位置几乎不变，最大速度方向仍与阀芯锥部平行。锥台形锥阀与外流时不同，节流口上游有阀芯锥部导流作用，如图3-4(d)、图3-4(f)所示，液流流出阀口位置无阀芯锥部导向为扩散流动，最大速度方向大于阀芯半锥角。

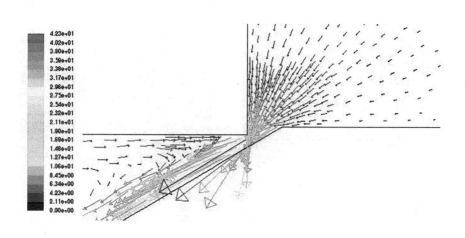

（a）全锥锥阀，开度1 mm

图3-4　内流流动速度矢量

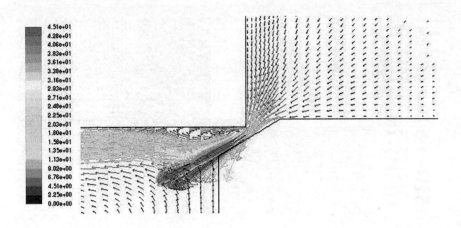

（b）锥台形锥阀，开度 1 mm

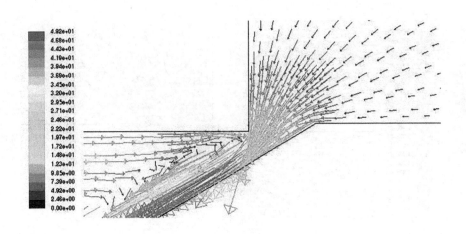

（c）全锥锥阀，开度 2.5 mm

图 3-4　内流流动速度矢量（续）

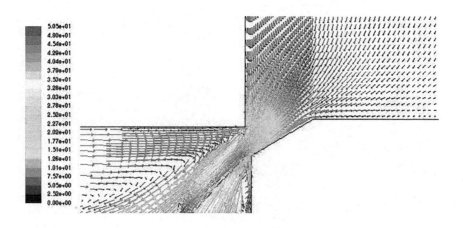

（d）锥台形锥阀，开度 2.5 mm

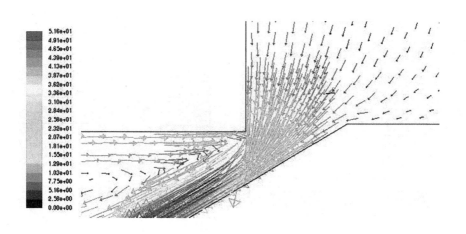

（e）全锥锥阀，开度 4 mm

图 3-4　内流流动速度矢量（续）

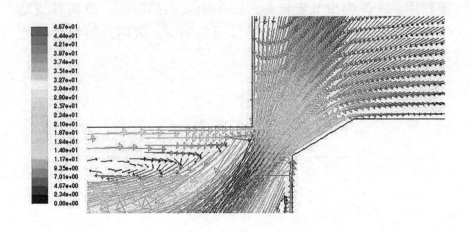

（f）锥台形锥阀，开度 4 mm

图 3-4　内流流动速度矢量（续）

可见，在开口度较小时，两种锥阀速度矢量相差不大，最大速度的速度方向与阀芯锥部平行，无论内外流状况，两种锥阀过流断面都相同。开口度较大时，全锥锥阀过流断面位置几乎不变，最大速度方向仍与阀芯锥部平行。锥台形锥阀的阀芯锥部已全部处于阀口一侧，内外流出现区别。

流线图可更清楚地体现锥台形锥阀和全锥锥阀的区别。图 3-5 为锥台形锥阀和全锥锥阀小开口度时内外流流动流线图，从图中可以看出，小开口度时两种锥阀内外流不同工况下节流口处流线都基本相同，这是因为节流口上下游的流道结构基本相同，都有锥部的导流作用。

图 3-6 为锥台形锥阀和全锥锥阀大开口度时内外流流动流线图。开口度较大时，对于全锥锥阀，从图 3-6(b)、图 3-6(d)可见，由于锥部的导流作用，内外流不同工况时流道相近，即内外流时液流特性可认为是基本一致。锥台形锥阀出现了区别，从图 3-6(a)中可以看出外流流动时，锥台形锥阀液流进入节流口时没有锥部的导流作用，因此过流断面处是个面积突变；内

流流动时，如图3-6(c)所示，液流流出节流口时没有锥部的导流作用，流体流出节流口后，面积突变是扩散流。故两种流动工况，面积突变位置不同，局部损失不同，故内外流流动特征不同。

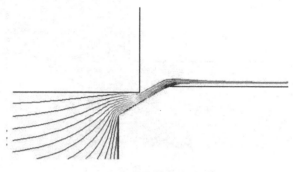

（a）锥台形锥阀外流流动

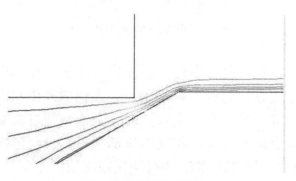

（b）全锥锥阀外流流动

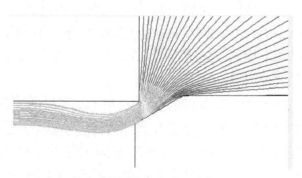

（c）锥台形锥阀内流流动，开度2.5 mm

图3-5　不同锥阀小开口度内外流流动流线

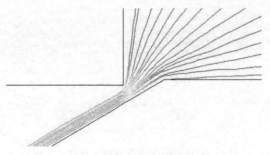

（d）全锥锥阀内流流动

图3-5　不同锥阀小开口度内外流流动流线（续）

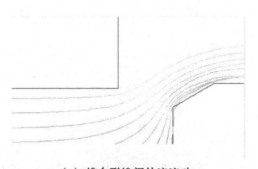

（a）锥台形锥阀外流流动

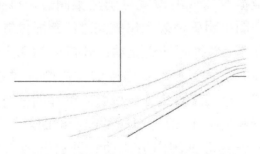

（b）全锥锥阀外流流动

图3-6　不同锥阀大开口度内外流流动流线

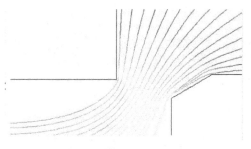

（c）锥台形锥阀内流流动，开度2.5 mm

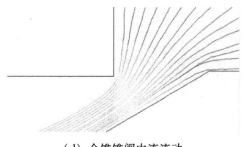

（d）全锥锥阀内流流动

图3-6 不同锥阀大开口度内外流流动流线（续）

根据流量连续性方程，过流断面处过流面积最小，液流速度最大，故根据等速线的位置可确定锥阀过流断面位置，在此通过速度轮廓图更明确地表示出锥阀过流断面位置。

图3-7为锥台形锥阀外流流动，开口度为3.5 mm时的轴对称面速度轮廓图。从图中可看出锥阀过流断面是以阀芯锥部的底端圆为基圆，过阀座直角顶点做阀芯锥部的平行线 MN，阀芯锥部与此平行线的距离 AB 为母线的圆台侧面。

图3-8为锥台形锥阀内流流动，开口度为3.5 mm时的轴对称面速度轮廓图，可确定出过流断面位置是以阀座通孔为基圆，阀座直角顶点与阀芯锥部底端的顶点连线 EF 为母线的圆台侧面。

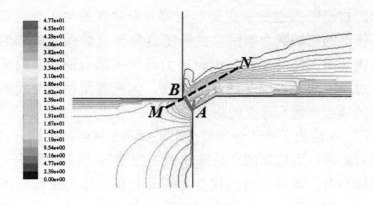

图 3-7　外流速度轮廓

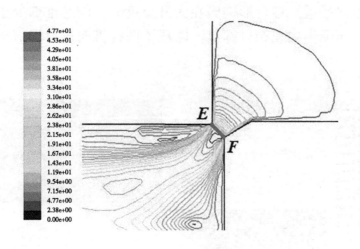

图 3-8　内流速度轮廓

　　综上所述，在整个行程范围内，全锥锥阀内外流流动状况过流断面位置相同，以阀座孔为基圆，阀座直角顶点到阀芯锥部的垂线为母线的圆台侧面积计算。锥台形锥阀的变化很大，锥台形锥阀在小开口度时，无论内外流流动都与全锥锥阀相同。大开口度时锥台形锥阀的过流断面位置发生了明显变化，过流断面面积明显增大，且内外流不同工况时出现了区别。外流流动时的过流断面也是垂直阀芯锥部，但位置发生了变化，是以阀芯锥部的底端圆为基圆，过阀座直角顶点做阀芯锥部的平行线，阀芯锥部与此平行线的距离为母线的圆台侧面；内流流动时，过流断面是以阀座通孔为基圆，阀座直角顶点与阀芯锥部底端的顶点连线为母线的圆台侧面。

　　图3-9给出了外流流动锥台形锥阀和全锥锥阀不同开口度时的轴对称面压力轮廓图。从图3-9a、图3-9b中可以看出，在开口度较小时，两种锥阀流场分布近似相同，压力最低点所在位置一致。随着开口度的增大，如图3-9c、图3-9d所示，压力分布出现显著不同，这主要是受阀芯锥部高度的影响。不难发现，由于全锥锥阀的阀芯是完整锥部，液流进入阀口时由于锥部的导流作用，进口与阀口过流断面间的压降分布在阀芯锥部上，压力过渡平缓。锥台形锥阀在大开口度时，阀芯锥部处于阀口下游，压降集中在阀口部位，体现了两种锥阀进口局部损失的不同。

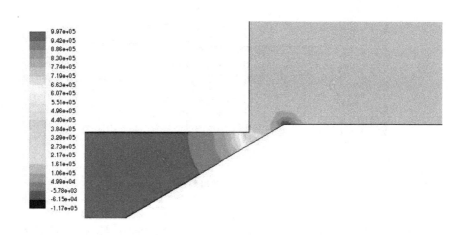

（a）全锥锥阀，开度1 mm

图3-9　外流压力轮廓

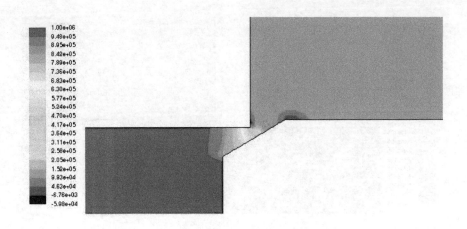

（b）锥台形锥阀，开度 1 mm

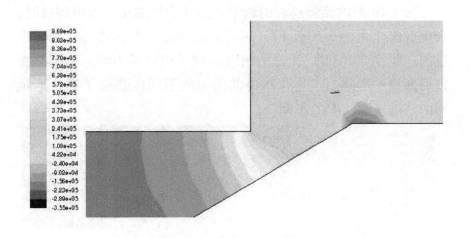

（c）全锥锥阀，开度 4mm

图 3-9 外流压力轮廓（续）

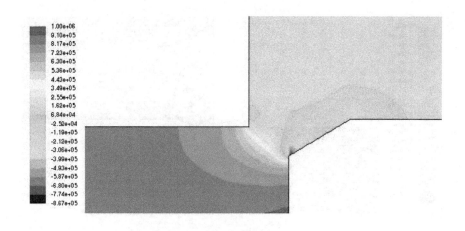

（d）锥台形锥阀，开度 4 mm

图 3-9　外流压力轮廓图（续）

　　图 3-10 为内流流动时的轴对称面压力轮廓图。流出阀口时，全锥锥阀［见图 3-10(a)］，压降分布在整个阀芯锥部。锥台形锥阀［见图 3-10(b)］，压力很快降到了出口压力值，两者是出口局部损失不同。正是这些局部损失的不同也造成了锥台形锥阀内外流流动状况的不同。

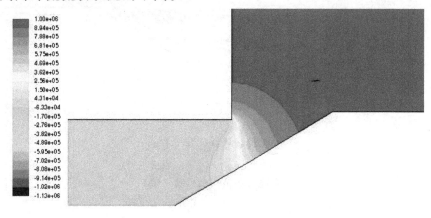

（a）全锥锥阀，开度 4 mm

图 3-10　内流压力轮廓

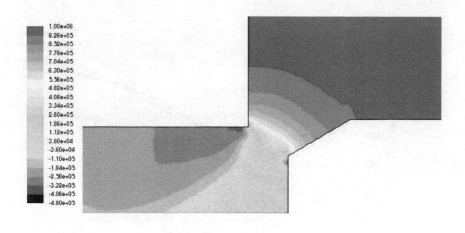

（b）锥台形锥阀，开度 4 mm

图 3-10　内流压力轮廓（续）

　　综上可知，全锥锥阀不管内外流流动，进出口都有锥部的导流作用，局部损失相近，所以差别较小。锥台形锥阀在开口度大时阀芯锥部处于阀口的一侧，内外流不同工况局部损失位置截然不同，两者过流断面位置不同，所以对于锥阀液流通道应同时考虑孔口节流损失和进出阀口局部损失的混合作用。在不同开口度时，锥部处于节流口上下游的位置变化，局部损失变化，反映在流场中可以看到锥部导流作用不同，造成流动的差别。

　　图 3-11 为仿真得出的不同阀芯结构，锥阀内外流流动时通过锥阀的流量随开口度变化的曲线。从图 3-11 可见，锥台形锥阀和全锥锥阀流量变化趋势有明显区别，锥台形锥阀流量曲线有一个斜率突变点（A 点），A 点之前两种锥阀流量差别不大，A 点之后锥台形锥阀流量明显大于全锥锥阀流量，与前面通过分析锥阀内部流场参数分布特性得到的过流断面面积变化规律相对应。说明转折点后，过流面积明显增大，不能按与全锥锥阀相同的公式计算。在此定义斜率突变点对应的开口度为转折开口度。

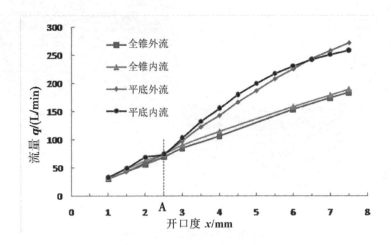

图 3-11　流量随开口度变化曲线

3.2.3　过流断面的解析计算

　　基于得到的锥阀流场解析确定的过流断面位置，推导全锥锥阀和锥台形锥阀不同内外流流动时的过流断面的解析公式。图 3-12 为阀口过流断面面积计算示意图。

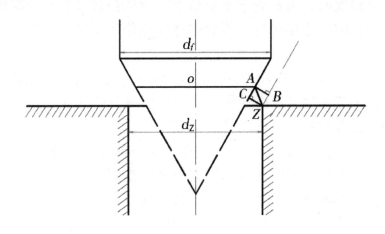

图 3-12　过流断面面积计算示意

（1）全锥锥阀。无论内外流，在研究的整个阀芯行程范围内，全锥锥阀过流断面位置不变。图 3-12 中，以阀座孔为基圆（直径为 d_z），以阀座的直角顶点到阀芯锥部的垂线（直线 ZC）为母线的圆台侧面作为阀口过流断面，面积计算公式为。

$$S = \pi d_z x \sin\alpha \left(1 - \frac{x}{d_z}\sin\alpha\cos\alpha\right) \qquad (3\text{-}1)$$

式中：

S——阀口过流断面面积；

d_z——阀座通孔直径；

x——阀芯开口度；

α——阀芯半锥角。

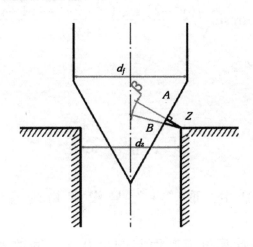

图 3-13　计算示意图

结合文献［75］可知，其实这个计算解只是一个近似解。如取一条与阀芯锥部不垂直的线作为母线 ZB，假定与垂线 ZA 的夹角为 β。此线与基圆构成的圆台，虽然母线长度变长，但是圆台上部的圆半径减小。其表面积为

$$S_{\mathrm{m}}(x) = \pi x d_{\mathrm{z}} \left[\frac{\sin\alpha}{\cos\beta} - \frac{x}{d}\sin^2\alpha \frac{\cos(\alpha - \beta)}{\cos^2\beta} \right] \tag{3-2}$$

在 $\beta = 0$ 时，$\dfrac{dS_{\mathrm{m}}}{d\beta} \neq 0$，这说明锥阀的节流面积并不是式 (3-1) 所计算的截面，而是偏斜一定角度的另一截面，称为偏移角。显然，图 3-13 中角度是逆时针旋转是合理的。

求解 $\dfrac{dS_{\mathrm{m}}}{d\beta} \neq 0$，则可求出

$$\sin^2\beta = \frac{(y^2 - 2) \pm \sqrt{(y^2 - 2)^2 - 4(1 + y^2)}}{2(1 + y^2)} \tag{3-3}$$

$$\beta = \arcsin\sqrt{\frac{(y^2 - 2) \pm \sqrt{(y^2 - 2)^2 - 4(1 + y^2)}}{2(1 + y^2)}} \tag{3-4}$$

其中：

$$y = \frac{d_{\mathrm{z}}}{x}\frac{1}{\sin^2\alpha} - \frac{1}{\tan\alpha} \tag{3-5}$$

式（3-4）中，取"+"号没有物理意义，故应取"-"号。

如果精确计算过流断面与阀口开度之间的关系，应该以 $S_{\mathrm{m}}(x)$ 作为阀芯带锥的锥阀节流口面积的计算值。很显然此公式计算条件不适用于阀开口度无限制增加的情况，在某一定值时，圆台表面积已经大于阀入口通孔处的面积 S_{r}，锥阀阀口不再起节流作用。

$$S_{\mathrm{r}} = \frac{1}{4}\pi d_{\mathrm{z}}^2 \tag{3-6}$$

当 $S_{\mathrm{m}}(x) = S_{\mathrm{r}}$，即阀座孔面积等于圆台面积时，此时的阀开口度定义为极限开口度 $(\frac{x}{d})_{\mathrm{J}}$，阀开口度大于极限开口度后，锥阀阀口不再起节流作用。可用极限相对开口度表征，满足以下等式

$$4\left(\frac{x}{d_z}\right)_{\mathrm{J}}\left[\frac{\sin\alpha}{\cos\beta} - \left(\frac{x}{d_z}\right)_{\mathrm{J}}\sin^2\alpha\frac{\cos(\alpha - \beta)}{\cos^2\beta}\right] = 1 \qquad (3\text{-}7)$$

可见，极限相对开口度只与阀芯半锥角的角度有关。

图 3-14 不同的阀芯半锥角对应的极限相对开口度值。从图 3-14 中可以看出阀芯半锥角度越大，阀极限相对开口度值越小，对应的阀芯运动范围要大大减小，阀芯平衡位置距离阀座近，阀芯产生振动时可能撞击阀座。半锥角度小，阀运动范围大，将阀芯平衡位置可设置到距离阀座较远的位置，减小阀芯振动时撞击阀座的可能性。

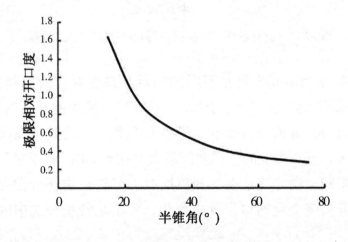

图 3-14　不同阀芯锥角的等效相对开口度

　　计算不同阀芯半锥角时传统的计算公式与精确计算公式面积比随相对开口度的变化曲线，如图3-15所示。可见，对一定的阀芯半锥角，随着开口度的增加，面积比值增大。在临界的相对开口度位置，半锥角为60°的锥阀面积比值达到1.06，也即差值约为6%，这对于精确的建模和分析是不应该忽略的。对应于小开口度时，面积比值较小，可按传统公式计算，阀口的位置是固定的，只是母线长度不同，面积不同。

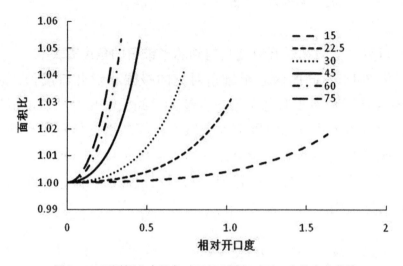

图3-15　不同阀芯半锥角时面积比随相对开口度的变化曲线

　　图3-16为不同半锥角不同的相对开口度对应的偏移角度。虽然精确计算公式与传统的计算公式相比，面积差异不是很大。但是节流口位置有很大变化，即偏移角很大，尤其是在阀芯半锥角度大，开口度大时，相差值最大可达到20°。所以对于阀芯带锥的锥阀来说尤其是在大开口度时，节流口位置也在发生变化，即开口度变化阀口位置也变化，并不是传统公式中的固定位置。

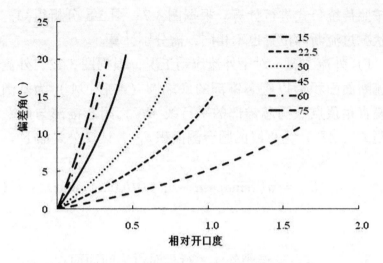

图 3-16　不同的相对开口度对应的偏移角度

（2）锥台形锥阀。根据锥阀流场解析结果，计算锥台形锥阀过流断面应按阀芯开口度值分成两个区段，区分点对应的转折开口度为 x_1 ，见式（3-8）。不同区段分别进行阀口过流断面的面积计算。

$$x_1 = \frac{d_z - d_f + 2H\tan\alpha}{\sin(2\alpha)} \tag{3-8}$$

式中：

d_f ——阀芯直径；

H ——阀芯锥部高度；

x_1 ——转折开口度。

此转折点与阀芯锥部高度值有关。第一区段阀芯开度小于 x_1 。这一区段，阀开口度较小（开口度小于 x_1 的行程范围），阀座直角顶点对阀芯锥部做垂线，垂足能够落在阀芯锥部上。面积计算公式与全锥锥阀相同。第二区段阀芯开度在 x_1 以上，阀芯开度较大，大于 x_1 时，阀座直角顶点对阀芯锥部做垂线的垂足不能落在阀芯锥部上，为面积计算的第二区段，此时显然不能按照传统公式进行计算。根据图 3-7、图 3-8 分析得知，内外流状况过流断面位置也不相同，需分别计算。

1）外流工况。对于外流流动工况，根据图 3-12，外流流动过流断面面积为以阀芯锥部的底端圆（半径 OA）为基圆，过阀座直角顶点做阀芯锥部的平行线 MN，阀芯锥部与此平行线的距离（AB）为母线的圆台侧面积 S_{lw}，计算公式如下

$$S_{lw} = \pi(x\sin\alpha\cos\alpha + d_f - 2H\tan\alpha)x\sin\alpha \qquad (3-9)$$

式中：

S_{lw}——锥台形锥阀外流大行程时过流断面面积。

2）内流工况。对于内流流动工况，结合流场解析图 3-8，根据图 3-12 示意图，这时的过流面积为以阀座通孔为基圆（直径为 d_z），以阀座直角端点与阀芯锥部下端的连线（直线 ZA）为母线的圆台侧面积 S_{ln}，计算公式如下：

$$l = \sqrt{\left(x - \frac{d_z - d_f + 2H\tan\alpha}{2\tan\alpha}\right)^2 + \left(\frac{d_z - d_f + 2H\tan\alpha}{2}\right)^2} \qquad (3-10)$$

$$S_{ln} = \pi\left(\frac{d_z + d_f - 2H\tan\alpha}{2}\right)l \qquad (3-11)$$

式中：

l——侧面积为 S_{ln} 的圆台母线；

S_{ln}——锥台形锥阀内流大行程时过流断面面积。

无论哪种情况，如果计算得到的圆台侧面积大于阀座通孔面积，此时锥阀的节流作用消失，过流面积以阀座通孔（直径为 d_z）面积计算。

图 3-17 为不同内外流流动状况、全锥锥阀和锥台形锥阀阀流量的计算值与仿真值随阀芯开口度变化曲线图。流量的计算

值是按薄壁小孔孔口流量公式计算，其中过流断面面积按前面提出的计算方法计算得出。

全锥锥阀内外流情况［见图 3-17（a）］和锥台形锥阀外流流动情况见［图 3-17（b）］中仿真结果与计算结果相吻合，验证了过流断面面积推导的正确性。图 3-17（c）为锥台形锥阀内流流动情况，在很大范围内计算值与仿真值结果一致。但在开口度很大时，出现了差值，结合过流断面面积见图 3-13，分析其原因是在很大开口度时，计算的节流口面积接近于阀通孔面积，节流作用相对减弱，薄壁小孔流量公式不再适合于阀口流量计算，应予以修正。对于锥台形锥阀外流流动情况在很大行程时也需修正，只不过锥台形锥阀阀口过流断面面积接近阀通孔面积时对应的开口度更大些，如图 3-18 所示，接近于 9 mm。

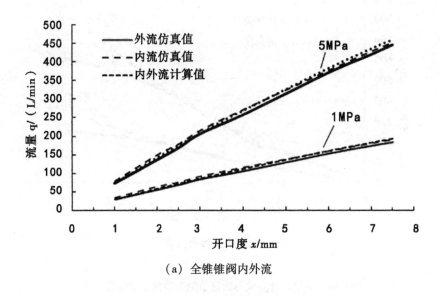

（a）全锥锥阀内外流

图 3-17 流量的计算值与仿真值随开口度变化曲线

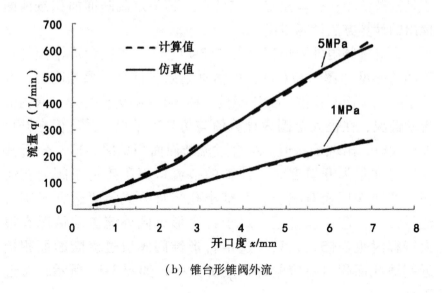

（b）锥台形锥阀外流

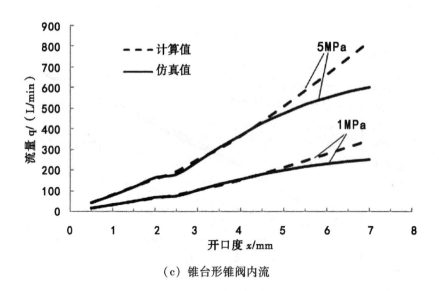

（c）锥台形锥阀内流

图3-17　流量的计算值与仿真值随开口度变化曲线（续）

　　在实际使用中由于阀口压力变化梯度大，只能通过检测阀进出口处的压力来计算流量，建立的锥阀模型进出口位置距阀口处为阀孔直径的4倍，虽然这种情况下流量系数包含了阀内流道的多处压力损失会有所不同，但这样有助于计算流量系数时压力的选取和测量，更有利于推广。

3.2.4　内外流不同工况时过流断面的比较

图 3-18 为全锥锥阀和锥台形锥阀在不同流动状况时阀芯过流面积的计算值随开度变化曲线。明显看，出开口度大于转折开口度之后，如果仍以传统公式计算的过流面积作为大开口度时的过流面积，误差很大，可达到 30% 以上，是不合适的。

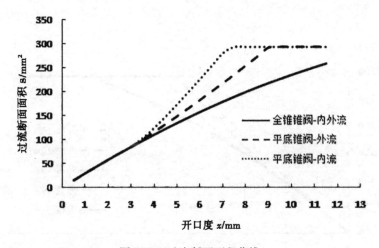

图 3-18　过流断面面积曲线

结合转折开口度随阀芯半锥角及阀芯锥部高度值变化的规律，通过选取不同的阀芯锥部高度及阀芯半锥角可获得不同的阀口面积曲线，相当于给出了不同的阀口造型，以便用来满足不同种类控制阀阀口造型的选择原则要求的阀口面积曲线，或用于一些特殊功能阀类设计选用，比如实现对流量多级节流控制。

图 3-19 给出阀芯半锥角为 30°，不同锥度高度时，阀过流断面面积随阀芯开口度变化曲线。阀芯半锥角为 30° 时，第一段与尖底锥阀相同，第二段为以阀芯锥部的底端圆（半径 OA）为

基圆，过阀座直角顶点做阀芯锥部的平行线 MN ，阀芯锥部与此平行线的距离（AB）为母线的圆台侧面积，第三段时锥阀不起节流作用，以阀座通孔面积计算。从图 3-19 中可以看出，锥部高度越小，则转折开口度越小，而且对应第二区段的阀口面积增益更大，且线性度更好。相对外流流动，锥部高度不同，内流流动的过流断面面积差异更大。不同锥部高度时，阀内液体内外流不同工况时过流断面面积不同，可以计算得出阀芯半锥角为30°时，在锥部高度为全锥锥部长度的40%时，内外流流动特性几乎一致，对正反向运动要求一致的场合有更好的性能，但面积增益不是很大。

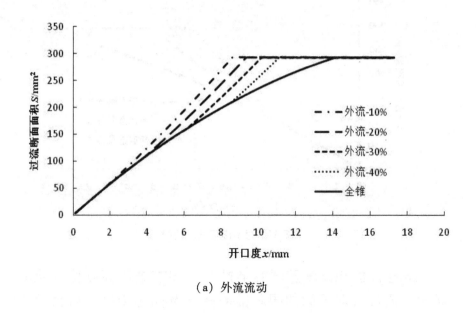

（a）外流流动

图 3-19　不同锥部高度对应过流断面面积变化

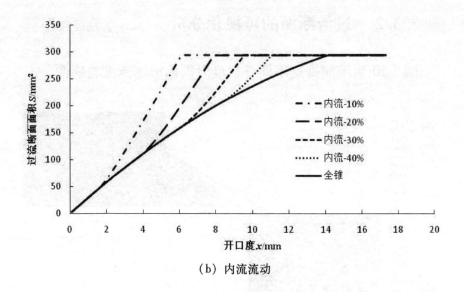

（b）内流流动

图 3-19　不同锥部高度对应过流断面面积变化（续）

3.3　阀座带锥锥阀

3.3.1　计算模型的确立和计算条件

为更明显地体现出阀开口度大时传统公式中计算的圆台的存在与否，仿真模型取阀座锥部高度分别为 12mm 和 3.5mm 两种平底锥阀，分别称为锥阀 L 和 S。网格划分、计算条件等与阀芯带锥模型的考虑因素相同。

3.3.2 过流断面的可视化分析

图 3-20 为不同锥阀不同开口度时阀内液流速度轮廓图。

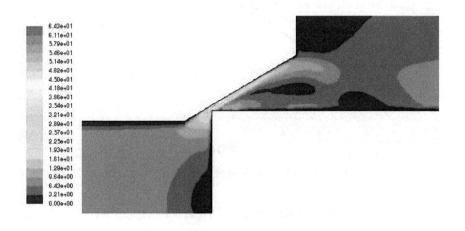

（a）锥阀 L，外流，$x = 1$ mm

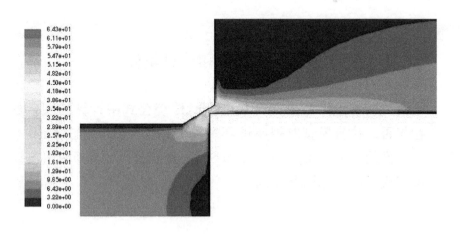

（b）锥阀 S，外流，$x = 1$ mm

图 3-20　液流速度场

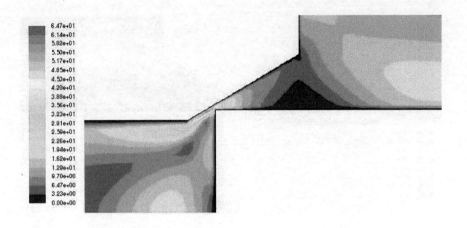

（c）锥阀 L，内流，$x = 1$ mm

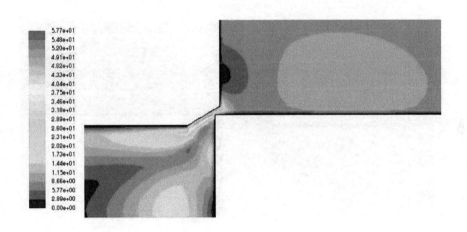

（d）锥阀 S，内流，$x = 1$ mm

图 3-20　液流速度场（续）

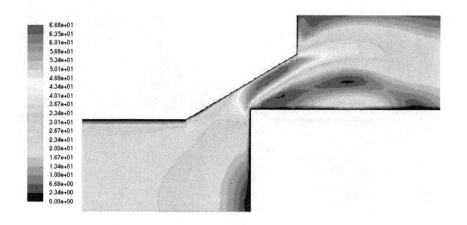

（e）锥阀 L，外流，$x = 5$ mm

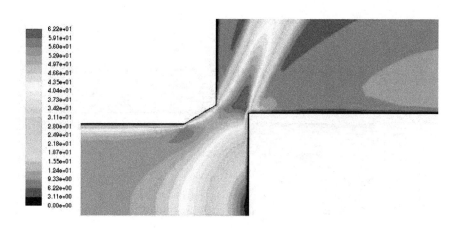

（f）锥阀 S，外流，$x = 5$ mm

图 3-20　液流速度场（续）

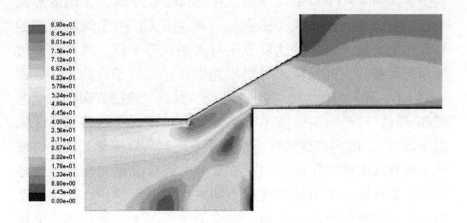

（g）锥阀 L，内流，$x = 5$ mm

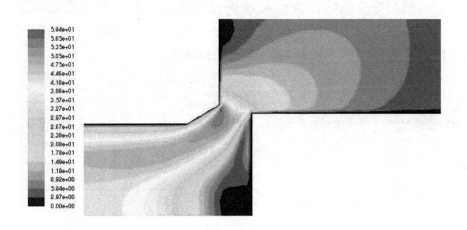

（h）锥阀 S，内流，$x = 5$ mm

图 3-20　液流速度场（续）

从图 3-20(a)~(d) 中可看出,在开口度较小时,无论内外流流动工况,两种锥阀最大速度分布相差不大,由于阀座锥部的导流作用,最大速度的速度方向与阀座锥部平行,两种锥阀过流断面都相同。开口度大时出现差别,此时对于锥阀 L [见图 3-20(e)、图 3-20(g)],内外流相同,其最大速度方向仍与阀芯锥部平行,过流断面位置不变。外流流动工况下的锥阀 S [见图 3-20(f)]的阀座锥部已全部处于节流口入口一侧,即此时液流上游有阀座锥部导流作用,液流流出阀口位置无阀芯锥部导向为扩散流动,最大速度速度方向大于阀芯半锥角,与小口度时相比,过流断面发生偏转。内流流动工况下的锥阀 S [见图 3-20(h)]的阀芯锥部全部处于节流口下游,速度最大值的方向由于下游阀座锥部的导流作用保持不变,但由于锥阀阀口入口处无锥部导流作用,过流断面位置向后迁移。

根据等速线的位置确定锥阀过流断面位置,在速度轮廓图上明确地表示出锥阀过流断面位置,图 3-21 为锥阀 S 大行程时内外流不同工况下的轴对称面速度轮廓图。

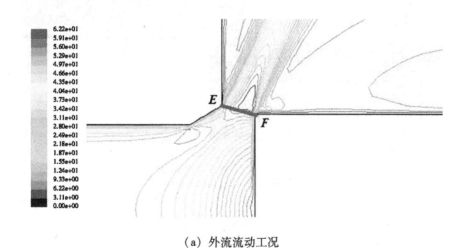

(a) 外流流动工况

图 3-21　速度轮廓

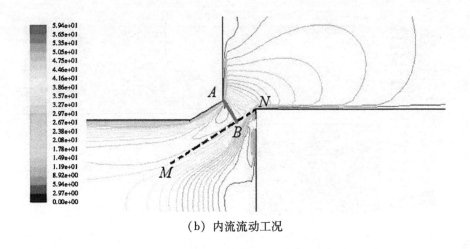

（b）内流流动工况

图 3-21 速度轮廓（续）

阀芯行程大时，从图 3-21（a）中可确定出，外流工况下锥阀 S 过流断面位置是以阀座通孔锥部大端为基圆，阀座锥部大端的顶点与阀芯直角顶点的连线 EF 为母线的圆台侧面。内流流动工况下锥阀过流断面［见图 3-21（b）］是以阀座锥部大端圆为基圆，过阀芯直角顶点做阀座锥部的平行线 MN，阀座锥部与此平行线的距离 AB 为母线的圆台侧面。

综上所述，在整个行程范围内，锥阀 L 内外流流动状况过流断面位置相同，传统公式适用。锥阀 S 在小开口度时，无论内外流流动都与全锥锥阀相同。大开口度时，过流断面位置发生了明显变化，且内外流出现了区别。与阀芯带锥的形式不同，外流流动时的过流断面位置不变但过流断面的法线方向出现偏转。内流流动时，虽然速度最大射流角不变，但是过流断面的位置发生了迁移。

图 3-22 中给出了不同锥阀在不同开口度时的轴对称面压力轮廓图。从图 3-22（a）～（d）中可以看出，在开口度较小时，两种锥阀流场分布近似相同。

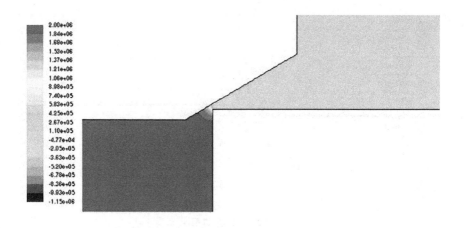

（a）锥阀 L，外流，$x = 1$ mm

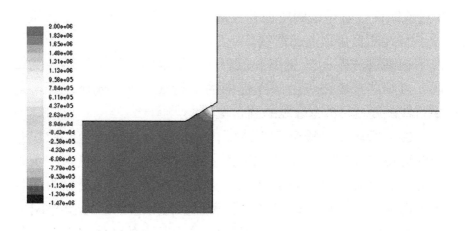

（b）锥阀 S，外流，$x = 1$ mm

图 3-22　压力轮廓

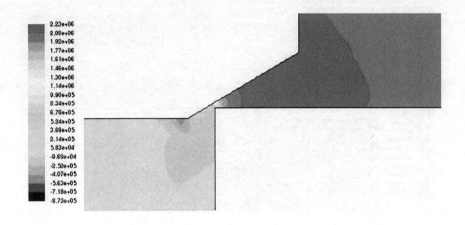

（c）锥阀 L，内流，$x = 1$ mm

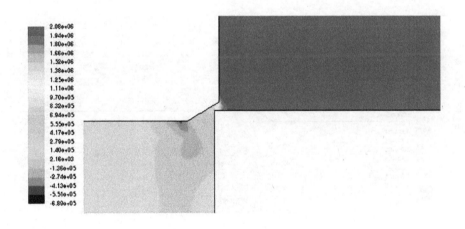

（d）锥阀 S，内流，$x = 1$ mm

图 3-22　压力轮廓（续）

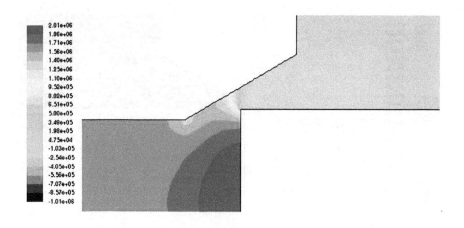

（e）锥阀 L，外流，$x = 5$ mm

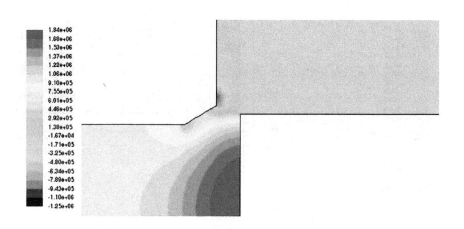

（f）锥阀 S，外流，$x = 5$ mm

图 3-22　压力轮廓（续）

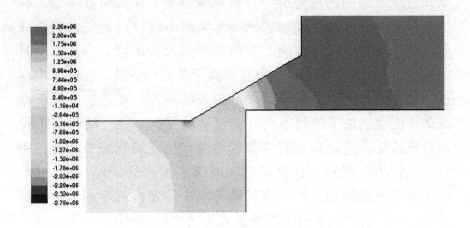

（g）锥阀 L，内流，$x = 5$ mm

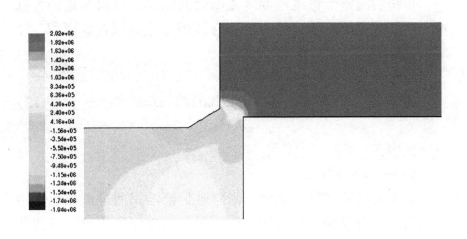

（h）锥阀 S，内流，$x = 5$ mm

图 3-22　压力轮廓（续）

随着开口度的增大，如图 3-22（e）~（h）所示，压力分布出现显著不同。不难发现，由于锥阀 L 的锥部存在于液流节流口的上下游位置，液流进入阀口时由于锥部的导流作用，进口与阀口过流断面间的压降分布在阀芯锥部上，压力过渡平缓。在大开口度时，外流流动时锥阀 S［见图 3-22(f)］，压力很快降到了出口压力值，与锥阀 L 的出口局部损失不同。内流流动时的锥阀 S［见图 3-22(h)］其锥部处于节流口下游，压降集中在阀口部位，与锥部 L 的进口局部损失的不同。正是这些局部损失的不同也造成了锥阀 S 内外流流动状况的不同。锥阀 L 不管内外流流动，进出口都有锥部的导流作用，局部损失相近，所以差别较小。锥阀 S 在开口度大时阀芯锥部处于阀口的一侧，由于锥部导流作用，内外流时局部损失位置截然不同，造成流动的差别，这是两者过流断面位置不同的根本原因。

3.3.3　过流断面的解析计算

传统的阀座带锥锥阀的过流断面面积是指以阀芯直径为基圆，从阀芯尖部到阀座锥面的垂直线为母线的圆台表面积，计算公式如下：

$$S = \pi[d_f + x\sin(2\theta)/2]x\sin\theta \qquad (3\text{-}12)$$

式中：

θ ——阀座锥角。

如果阀座锥部高度足够，则阀座带锥锥阀的过流面积采用上述公式。但是阀芯位移很大时，阀口的过流面积与入口通孔面积相等，这时阀口的节流功能不再体现。阀口的过流面积与入口通孔面积相等时，此时对应的极限阀座锥部高度位置为

$$H_J = \frac{-d_z + \sqrt{d_f^2 + d_z^2\cos\theta}}{2\tan\theta} \qquad (3\text{-}13)$$

当阀座锥部高度 $H > H_J$ 时，阀座带锥锥阀的过流断面计算

公式采用传统公式即可，称为情况一，与传统理论一致。当阀座锥部高度 $H < H_\mathrm{J}$ 时，称为情况二，过流断面公式应该分成两个区段。

3.3.3.1 情况一

阀座锥部高度 H 大于极限锥部高度 H_J 时，只有一个转折点，即圆台面积与阀座通孔面积相等时对应的开口度，锥阀不再起节流作用，此开口度记为极限开口度 x_J，计算公式如下：

$$x_\mathrm{J} = \frac{-d_\mathrm{f} + \sqrt{d_\mathrm{f}^{\,2} + d_\mathrm{z}^{\,2}\cos\theta}}{\tan(2\theta)} \tag{3-14}$$

$x \leqslant x_\mathrm{J}$ 时，过流断面计算公式采用式（3-12）。$x > x_\mathrm{J}$ 时，过流面积为阀座通孔面积。

可以看出，x_J 不仅与阀座半锥角有关，还与阀芯直径有关。定义阀芯底面积与阀座通孔面积之比为 R_a。图 3-23 为不同 R_a 时，x_J/d 与阀座半锥角的关系。阀座半锥角相等时，面积比越大，对应的相对开口度值越小，即阀芯运动范围越小，但差别不是很大。同一阀芯直径，随着半锥角的增加，阀芯运动范围大大减小。

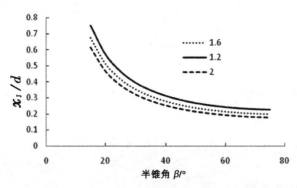

图 3-23　阀座半锥角对应的临界相对开口度值

3.3.3.2 情况二

当阀座锥部高度 $H < H_J$ 时，过流断面公式应该分成两个区段。对应有转折开口度 x_1 计算公式如下：

$$x_1 = \frac{H}{\cos^2\theta} - \frac{d_f - d_z}{\sin(2\theta)} \tag{3-15}$$

阀口开度大于转折开口度以后，阀座锥部位于节流口的一侧，对于外流流动位于上游，内流流动位于下游。由于锥部的导流作用，转折开口度之后，过流断面发生变化，且内外流不同。在整个开口度范围内，阀芯过流断面分为两个区段计算。第一区段阀芯开度小于 x_1，采用传统公式计算，见式（3-12）；第二区段阀芯开度在 x_1 以上，内外流分别采用不同的计算公式。

1. 外流工况

对于外流流动工况，过流断面位置是以阀座通孔锥部大端为基圆，阀座锥部大端的顶点与阀芯直角顶点的连线 EF 为母线的圆台侧面，如图 3-21(a)所，计算公式如下

其中母线长度为

$$l = \sqrt{\frac{H_s^2}{\cos^2\theta} + x^2 - 2H_s x} \tag{3-16}$$

圆台侧面积为

$$S_{hw} = \pi l(d_f + H_s\tan\theta) \tag{3-17}$$

2. 内流工况

锥阀过流断面是以阀座锥部大端圆为基圆，过阀芯直角顶

点做阀座锥部的平行线 MN ，阀座锥部与此平行线的距离 AB 为母线的圆台侧面。

$$S_{hn} = \pi \left[\frac{d_f}{2} + \frac{d_z}{2} + H\tan\theta - \left(x\cos\theta - \frac{H_s}{\cos\theta} \right)\sin\theta \right] x\sin\theta \quad (3\text{-}18)$$

无论哪种情况，如果计算得到的圆台侧面积大于阀座通孔面积，此时锥阀的节流作用消失，过流面积以阀座通孔（直径为 d_z ）面积计算。

3.3.4　内外流不同工况时过流断面的比较

图 3-24 为锥阀 L 和锥阀 S 的过流断面面积计算值。从图中可以看出，对于阀座锥部较短的阀座带锥锥阀在开口度较大时仍采用传统公式会出现较大的误差。与阀芯带锥锥阀相比，在阀座锥部较短时，锥阀内外流工况的过流断面面积差距很大。对于进回程快慢速要求不同的速度控制场合，可以使用这一特点。而且，阀座带锥锥阀在外流工况阀芯可调节范围较内流工况小很多。

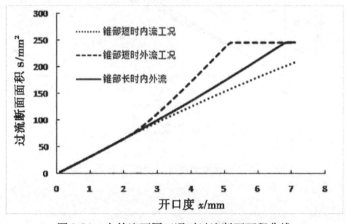

图 3-24　内外流不同工况时过流断面面积曲线

图3-25为阀座半锥角为30°，不同锥度高度比时，阀过流断面面积随阀芯开口度变化曲线图。从图中可以看出，外流工况时，锥部高度越小，转折开口度越小，面积增益越大。内流工况时，锥部高度的变化对过流断面的变化趋势影响较小。

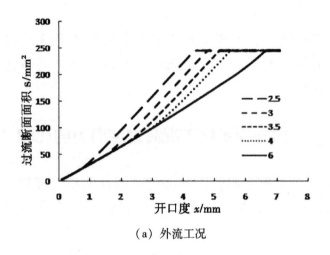

（a）外流工况

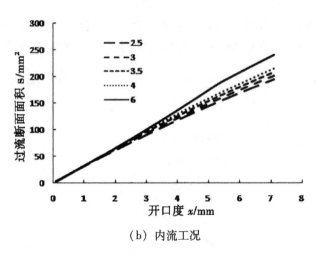

（b）内流工况

图3-25 不同锥部高度过流断面面积（续）

3.4　　阀口过流特性研究

当前工业技术的迅猛发展，不仅要求液压控制的功率越来越大，更要求更精准的控制精度，高度集成化的结构及组件，以便扩大液压控制应用范围和大幅度提高控制质量。二通插装阀集成控制技术已广泛应用于工业和移动液压之中，在中大功率的液压系统控制中已成为现代液压集成控制的主流技术之一。

对于阀口的过流特性，很多学者进行了研究。按液阻理论，二通插装阀是一种单个控制液阻，不同的过流特性呈现不同的液阻特性。总结常用的插装阀主阀形式，对插装型主阀的过流特性进行较系统的研究。基于功能集成化原则，设计一种新型的阀口形式，此阀在不同开度区段具有不同的阀口面积增益，可实现对流量多级节流控制，满足液压系统在不同工况时对流量的要求。阀口形式的变化充分发挥和体现了插装阀对功能集成的独特和灵活性，实现产品的功能、性能的差异化，可以简化系统的构造，提高产品的性能、质量和可靠性、可维护性。

3.4.1　　通流能力

图 3-26 为常见的插装阀主阀结构示意图，给出阀套和阀芯的配合部分。阀 1 为阀芯带锥的锥台形液压锥阀形式；阀 2 为阀座带锥的液压锥阀形式；阀 3 为阀芯开矩形槽的非全周滑阀类形式；阀 4 为阀芯开三角槽的非全周滑阀类形式。其中，阀 3 和阀 4 的阀芯上端为锥阀过渡，保证可靠的密封。

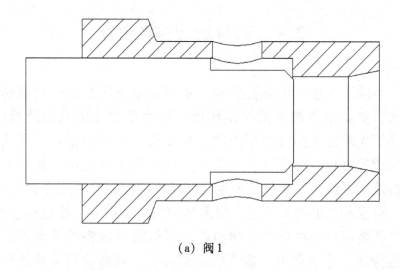

（a）阀1

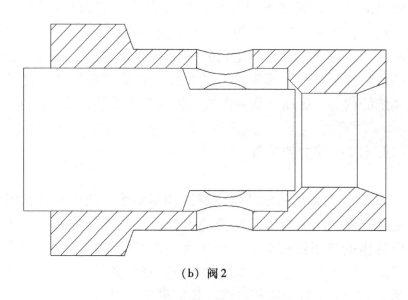

（b）阀2

图 3-26　常见的插装阀主阀结构示意

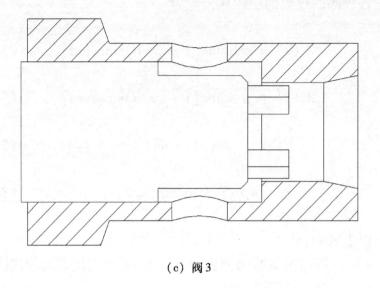

（c）阀3

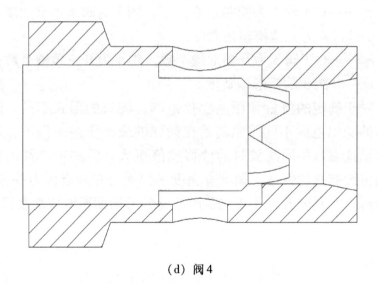

（d）阀4

图 3-26 常见的插装阀主阀结构示意（续）

各种阀的过流面积计算公式为

$$A_1(x) = \pi dx \sin a [1 - (x/d)\sin a \cos a] \tag{3-19}$$

$$A_2(x) = \pi dx \sin a [1 + (x/d)\sin a \cos a] \tag{3-20}$$

$$A_3(x) = nwx \tag{3-21}$$

$$A_4(x) = nx^2 \tan(a/2) \tag{3-22}$$

以上式中：

A——阀口过流断面面积，下标 1~4 分别代表阀的代码；

d——阀入口通道直径；

x——阀开口度；

α——对于阀 1 为阀芯锥部角度，阀 2 为阀座锥部角度，阀 4 为三角槽顶角角度；

n——对于阀 3 为开矩形槽个数，阀 4 为开三角槽个数；

w——阀 3 的矩形槽宽度。

对于确定的流量和压差变化范围，阀口的形式不同，阀芯位移的变化范围不同，尤其是在同样的最小压差条件下，不同阀口形式通过相同流量时的位移差值更大。而阀芯位移的变化范围将影响阀的特性，如响应速度、弹簧力和开启压力等参数。根据阀口流量公式，此变化范围的差异可用面积增益来表征。

$$\frac{\partial A_1}{\partial x} = \pi d \sin a - 2\pi x \sin^2 a \cos a \tag{3-23}$$

$$\frac{\partial A_2}{\partial x} = \pi d \sin a + 2\pi x \sin^2 a \cos a \tag{3-24}$$

$$\frac{\partial A_3}{\partial x} = nw \qquad (3\text{-}25)$$

$$\frac{\partial A_4}{\partial x} = 2nx\tan(a/2) \qquad (3\text{-}26)$$

图 3-27 为各种液压阀的面积增益图。从图中可以看出阀 1
和阀 2 面积增益接近一致，面积增益较大，受开口度影响较小，
即面积变化曲线是线性的；阀 4 面积增益小，可控制较小流量
变化。随开口度变化，开度越大增益越大；阀 3 趋于中间，面
积增益是一条水平线。面积增益小，则相应的开口度变化时，
可得到稳定流量的较精细控制；面积增益大，则相同压差下通
流能力最大。阀 1、阀 2、阀 3 都是单一的面积增益，阀 4 的面
积增益有所变化，但增益本身很小，变化很小。

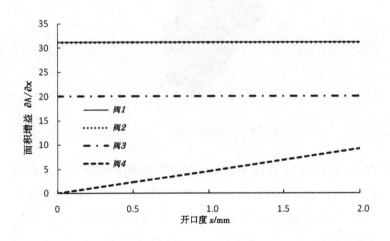

图 3-27　液压阀的面积增益

在工况复杂的场合，希望出现相应工况的面积增益的变化。
阀的面积增益跟随工况变化，可简化系统的构造，提高产品的
性能、可靠性、可维护性。常见的阀口造型变化，比如阶梯状
矩形或者变角度的三角形，但是面积增益的变化还是不明显。

为了满足系统在满负荷情况下的阀通过最小稳定流量，在小开口度范围内，采用小的面积增益阀口，在开度较大时面积增益增大明显，满足低压差大流量时的通流能力。结合阀 4 和阀 1 的面积增益特点，提出使用两种阀的组合，使阀的面积增益变化满足工况需求。在小开口度范围内，采用三角形阀口造型即小的面积增益，在开度较大时采用大面积增益的传统锥阀造型，结构如图 3-28 所示，称为阀 5。此面积增益多样性的阀可满足一阀多调节功能的要求，在进行功能集成阀的创新时可借鉴此改进方法。

图 3-28　新型阀口示意

图 3-29 为相同边界条件下，不同阀芯结构的阀所通过的流量随开口度变化曲线。由图 3-29 可知，阀 1、阀 2 的流量特性基本相同，在开口度较大时出现变化，这是因为非完整锥面锥阀具有一个转折开口度，过流断面有一个位置的变化。阀 1、阀 2、阀 3 的阀口面积增益是水平线，故流量特性曲线是线性变化的。阀 4 的阀口面积增益总体较小，故通过的流量小。提出的新型阀口形式的阀（称为阀 5）在开口度大时，流量突变增大，流量增益明显变大。从图中可以明显看出，出现了一个流量转折点 A，此转折点可根据工况要求通过改变结构参数进行调节。

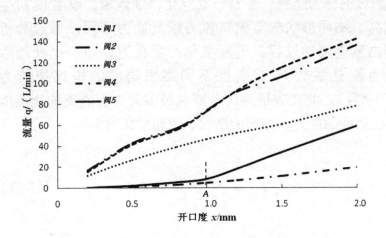

图 3-29　阀流量变化曲线

3.4.2　抗汽蚀能力

　　液体内部压力降低到某一临界值以下，发生空化。空化发生在液流低压区，是造成汽蚀的前提。液流经过节流口时，可能会出现空化问题，阀口的空化汽蚀特性也是阀口节流性能好坏的一个重要指标。通常用空化数表征液流空化状态，将空化数与初生空化数比较，衡量液流中是否发生空化和空化的发展程度。但初生空化数的确定一直是个难点，判断空化初生的标准目前尚未统一。

　　对于不可压缩流体，液流经过节流口处，过流面积减小，流速增大，压力降低。节流后，在节流口的下游，出现缩颈流，此处压力最低。此后，压力增高，流速降低，逐步升为出口压力。压力从缩颈流处的最低压力回升到出口压力的过程称为压力恢复过程。这个最小压力值若低于空气分离压或饱和蒸汽压，会产生气泡，出现空化。压力降低的程度显然与液流通道密切相关，故不同形状的阀芯，即使在相同的边界条件，压力降低程度不同，即最小压力值不同。相同条件下，最小压力值越高，则其抗汽蚀的能力越强，不易出现空化汽蚀现象，或者说初生空化数高。不同形状的节流口压力恢复能力不同。通过分析液压阀内液流流动过程，追溯空化产生根源，归一化处理后定义压力恢复系数 F_L，表征不同类型阀芯的抗汽蚀能力［见式(3-27)］。此式表征阀内液流流经节流口后液流的速度能转换为压力能的能力，与阀的结构、流路形式有关。

$$F_{\mathrm{L}} = \sqrt{\frac{p_1 - p_0}{p_1 - p_{\min}}} \tag{3-27}$$

式中：

$p_{\min}$ ——阀内最低压力；

p_1 ——入口压力；

p_0 ——出口压力。

压力恢复值大，说明压力降低程度小，最小压力值高，显然抗汽蚀能力越强。同一种阀不同开口度时，阀的过流通道不同。那么在不同开口度时，压力恢复的能力是不相同的。

图 3-30 给出各种阀的压力恢复系数值随开口度变化曲线。从图中可以看出，阀 4 的压力恢复值最大，且变动幅度不是很大。阀 3 压力恢复值最小，抗汽蚀能力最弱，压力恢复值随阀口开度变动也不大。压力恢复值基本不变的原因是在整个工作行程中，阀 3 和阀 4 的阀口过流断面的形状和位置是固定的。阀 1 和阀 2 的压力恢复系数有波动，虽然面积增益接近相同，但压力恢复系数有差异，分析其原因，小开口度时锥部导流作用位置不同，大开口度时阀的节流口位置在一定行程后发生转移，也即液流通道特性不同，故压力恢复系数发生变化。阀 5 为新设计的阀芯结构，在小开口度时，压力恢复值与阀 4 相同，压力恢复值较大，过了转折点 A 后为锥形阀芯类型，压力恢复值小。

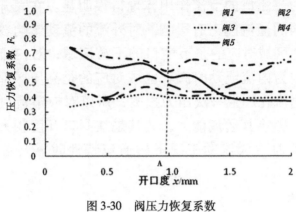

图 3-30　阀压力恢复系数

综上可得，新的阀口造型集成了三角形阀口的高压力恢复系数和锥阀的大通流能力的优点。在小开口度时能实现精准控制，同时压力恢复系数大，抗汽蚀能力强；在大开口度时面积增益大，满足低压大流量的要求。

3.4.3　阀套的影响

插装阀作为大流量大功率液压系统中的典型元件，其性能特征备受关注。二通插装式功率级的基本形式有很多种。标准插件的外部配合尺寸已有标准，但组件内部尺寸，包括阀芯形状、阀套内孔与阀芯配合部分的形状及尺寸、弹簧尺寸等均由设计者决定。故二通插装式组件的阀芯、阀口及通流部分仍有多种方案。阀套对于插装阀的最基本的作用是导通进出口流道，应该选择尽可能大的通道。以通流面积最大为优化目标，给出了阀套通流孔为圆形孔时单列和双列排列、通流孔为腰形孔时横向和纵向排列 4 种不同的通流孔形式。并针对采用不同阀套通流孔形式时的液流流场进行分析，研究阀套通流孔对锥阀通流特性的影响。

图 3-31 为不同阀套结构时通过阀的流量随开口度的变化曲线。从图中可以看出，在小开口度时阀套对通流性能几乎没有

影响，因为节流口的节流作用体现得很明显。在大开度时，插装孔对于阀的通流能力有影响。对外流的流动影响较小，因为外流时通孔区域对应的是节流口的下游区域；对内流的流动影响较大，因为内流流动时阀套区域对应的是高压区部分，液流首先经过通流孔产生一次压力损失，所以对应节流口处的进口压力减小，影响其通流能力，尤其是在阀口开度较大时。故研究阀大开度时内流流动工况下的通流特性时需要考虑阀套的影响。

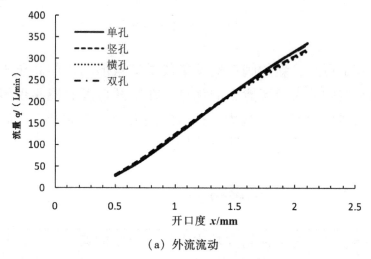

（a）外流流动

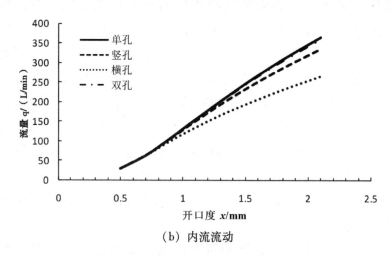

（b）内流流动

图3-31　阀的流量随开口度的变化曲线

3.5 小结

通过研究发现，插装主阀中常用的锥台形锥阀和阀座带锥锥部较短的锥阀，阀芯大行程时，传统过流断面计算公式不再适用。本章对不同锥阀形式，不同锥部高度时锥阀内外流工况时的流场信息进行详细解析，指出阀芯大行程时锥台形锥阀和阀座带锥锥部较短的锥阀过流断面发生迁移，流场分析和理论推导相结合，推导了其在大开口度时过流断面面积的计算公式，指出阀芯在大行程范围移动时，过流断面的计算以转折开口度为界，需分两个区段进行，且内外流不同工况时计算公式不同，完善了锥阀全行程范围内过流断面面积的计算公式。并从能量损失的角度解释了内外流不同工况锥阀过流断面不同的原因，为阀的设计和计算提供了理论依据。

对阀芯带锥的锥台形液压锥阀、阀座带锥的液压锥阀、阀芯开矩形槽的非全周滑阀、阀芯开三角槽的非全周滑阀 4 种节流口类型的插装阀进行仿真计算，通过计算面积增益比较其通流性能。通过分析液压阀内液流流动过程，追溯空化产生根源，提出了表征阀抗汽蚀能力的压力恢复系数，并对其阀口空化汽蚀特性进行了比较分析。结合分析上述阀口过流特性，设计出了新型的阀口形式。新的阀口造型集成了三角形阀口的高压力恢复系数和锥阀的大通流能力的优点。在小开口度时能实现精准控制，同时压力恢复系数大，抗汽蚀能力强；在大开口度时面积增益大，满足低压大流量的要求，可实现流量的多级节流控制。研究了阀套通流孔对锥阀通流特性的影响，表明阀套通流孔形式对外流的流动影响较小，对内流的流动影响较大，尤其是在阀口开度较大时，在研究阀大开度时内流流动工况下的通流特性时需要考虑阀套的影响。

第4章　液动力特性研究

4.1　引言

液动力是阀口和阀腔内液流因动量变化而产生的液流反作用于阀芯的力。通常只考虑其轴向分力，其径向分力予以忽略，因其相对阀口对称而抵消。

液动力是设计液压控制阀所需考虑的一个重要因素，对阀及液压系统的特性都有很大影响。液动力计算方程还是液压系统特性建模重要的基本方程之一。对液动力的研究一直是液压技术中的热点问题。人们首先关注液动力大小的计算和方向的判定，这影响液压元件特别是液压阀设计和静动态仿真、分析的精确性。由前述分析可知锥台形锥阀随着阀口开度不同，流量控制特性不相同，阀口节流面的位置、形状和射流角都会随之变化，因而液压锥阀阀芯受到的液动力采用传统理论计算方法无法准确计算。

液动力本质上是流体运动所造成的阀芯壁面压力分布发生变化而产生的，故从流场分析入手，针对两种典型阀口形式的锥阀进行了三维流场仿真分析研究，获得阀芯底部压力分布值，将压力相对作用面积积分，得到其液动力值，这是最直接的计算方法。从压力场、速度场等流场角度，细化得出阀芯不同径向位置其所受液动力的量值，研究液动力产生机理，对阀性能的优化起到指导作用。

　　为了便于工程实际使用，根据流场分析得出的液动力产生的主要因素，结合控制体积的选取原则，对于不同阀口形式锥阀，内外流工况不同时，选取不同的控制体积。基于动量定理推导相应的计算公式，最终给出不同流动方向下阀口全行程时的液动力特性。

4.2　液动力的可视化分析

　　全锥锥阀阀芯锥部为完整锥部，锥台形锥阀阀芯锥部是将全锥锥阀阀芯底部截去一段得到的锥台。由第 3 章分析可知，两种锥阀在大行程时，液流在内外流不同流动状况时，液体流动特性不同，液体动量变化显然不同，故液动力不同，为找到并细化内外流时锥阀阀芯受到的液动力不同的根源，便于后续理论公式的建立，需详细分析不同流动状况时的流场内部状态。为了便于对两者进行比较，除阀芯锥部高度不同之外，其结构参数和边界条件的设置完全相同。

4.2.1　内流流动工况

　　全锥锥阀在不同开口度时，过流断面位置不变，在阀芯上的位置随着开口度的位置移动。对于内流工况，锥台形锥阀在小口度时与全锥锥阀相同，过流断面在阀芯上的位置随开口度发生变化；大开口度时过流断面法向角度发生偏转，但始终通过锥部小端的顶角处。

　　图 4-1 为全锥和锥台形锥阀阀芯底部的压力分布曲线。

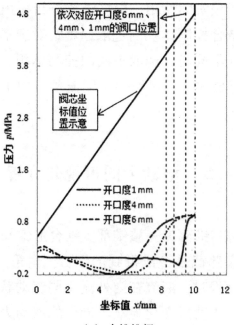

（a）全锥锥阀

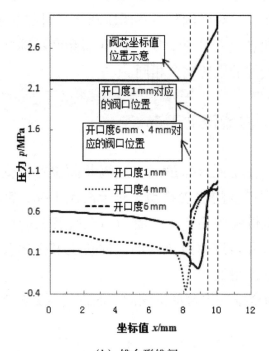

（b）锥台形锥阀

图 4-1　内流流动时阀芯底部压力分布曲线

从图4-1 （a） 中可以看出阀芯锥部大端位置压力接近入口压力，随后液流开始收缩，压力急剧降低，以后变为扩散流，压力逐步回升。随着开口度的变化，压降区域转移。开口度小时，压力最低值在节流口附近。随着开口度的增加，出现压力最低值的位置逐渐靠近阀中心位置。这是因为液流经历从收缩流转变为扩散流的过程，在阀口开度增大时，节流面积增加，收缩流和扩散流程度相对减弱，故压力下降和回升变化趋缓。在小开度范围内，阀芯锥部下游的压力基本接近出口压力。大开口度时在阀芯锥角顶端压力略大于出口压力，原因是阀芯锥部的附壁流在这里汇合转弯相互挤压，使流体的压力增高，此处液体也会对阀芯产生附加作用力。

从图4-1 （b） 中可以看出，在开度小时，因锥台形锥阀与全锥锥阀节流口位置一致，阀芯底部压力分布与全锥锥阀相似。开口度大时，阀芯锥部处于过流断面一侧，锥台形锥阀最低压力对应在阀芯锥部下游，并不再随开口度的变化而变化，且液流经过节流断面位置后就是明显的扩散流，没有全锥时阀芯锥面的附壁流，压力很快恢复，明显高于出口压力，与阀静止时的静压力相差较大，开口度越大，差别越大，液动力越大。

直接将阀芯底面压力进行积分，减去在阀静止状态时的静压力，得到锥阀阀芯受到的液动力。图4-2 为全锥锥阀与锥台形锥阀液动力随开口度变化的仿真曲线。

从图4-2 中明显看出，开口度小时，两种锥阀液动力差别不大，锥台形锥阀液动力值稍小于全锥锥阀。这是因为全锥锥阀的阀芯锥部长度大于锥台形锥阀，阀芯受到的黏性力大。开口度大时，压力恢复区的值差别很大，故液动力值出现了明显区别。锥台形锥阀液动力随着开口度的变化加剧，液动力明显大于全锥锥阀液动力值，与流量差别的趋势一致。原因如前所述，锥台形锥阀在阀芯平台处压力恢复迅速，高于出口压力。

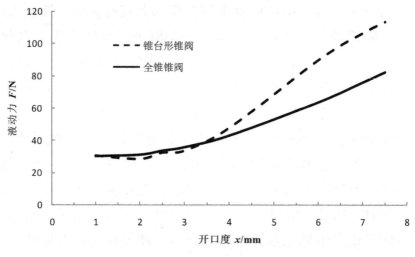

图 4-2　内流流动时液动力随开口度变化曲线

4.2.2　外流流动工况

全锥锥阀内外流工况过流断面位置相同，在不同开口度时，过流断面位置不变，但在阀芯上的位置随着开口度的位置平移。对于外流工况，锥台形锥阀在小口度时，与全锥锥阀相同，过流断面在阀芯上的位置随开口度发生变化；大开口度时随着开口度的变化，过流断面随着开口度的位置平移，但在阀芯上的位置始终处于阀芯锥部小端处。

图 4-3 为外流流动时阀芯底部压力分布曲线。从图 4-3（a）中可见，全锥锥阀在小开口度时锥部压力的变化发生在节流口区域，区域面积较小，节流口下游部位压力接近出口压力。开口度大时，全锥锥阀的导流作用使得压力变化较平缓，压力变化区域涉及面大，也即开口度越大，液动力越大的根本原因。

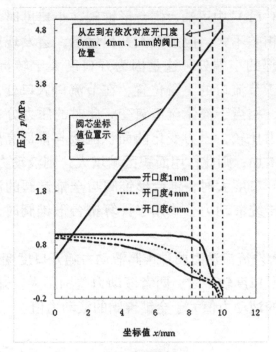

（a）全锥锥阀

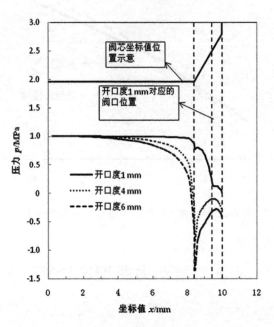

（b）锥台形锥阀

图 4-3 外流流动时阀芯底部压力分布曲线

从图4-3（b）中可知，锥台形锥阀在小口度时与全锥锥阀压力分布值相差不大。但是在大开口度后，会发现压力最低点处于阀芯锥部的小端处。这是因为开口度大于转折开口度时，阀芯锥部处于节流口的下游位置，在节流口入口处，没有锥部的导流作用，相当于液流流道突变。此时的压力分布与阀静止状态时静压力比较，压力变化的面积区域与锥部高度相关。如果锥部高度增加，则此作用面积区域增大，则液动力值会增加。综上所述，开口度大时，锥台形锥阀与全锥锥阀的液动力值有很大差别，传统液动力公式用于计算锥台形锥阀时，需要对其进行修正。

图4-4为外流流动时两种锥阀液动力随开口度变化曲线。从图中可见，开口度较小时，两者液动力差别不大。开口度大时，锥台形锥阀的液动力值大于全锥锥阀的液动力值。

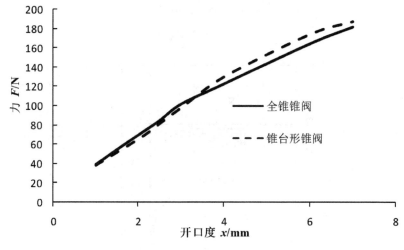

图4-4　外流流动时液动力随开口度变化曲线

4.3　液动力的理论计算

利用动量定理研究液动力问题时，首先必须正确选定控制体积，即液体受力对象。液体与固体间宏观的相互作用力除压力（压强）外，还有黏性力（内摩擦力），但黏性力不便考虑忽略不计，液体自重无疑也忽略不计。

液动力主要指阀芯受到的轴向力，所以所选取的控制体积必须包括整个阀芯，或能够包括阀芯受到所有轴向力的主要表面积。动量定理的研究对象是在控制体积内部的液体，要对其进行受力分析，故控制体积各控制面上的流体流动速度和压强能够容易确定也是必需的。以上两点是控制体积的选取原则。

液动力的本质是阀芯底部压力分布与阀静止状态时的静压力分布不同产生的，阀芯底部压力分布与静压力分布不同的部位就是引起阀芯液动力的主要区域。根据控制体积的选取原则，利用动量定理推导计算公式时，选取控制体积时必须包括压力变化的主要区域。通过对阀内流场分析，可得知阀芯不同径向位置压力变化区域，这些区域是液动力产生的根源，选取的控制体积必须包含此区域。所以根据流场分析，确定阀芯底部压力分布，据此作为确定控制体积的依据。针对不同流动工况和不同结构形式的锥阀选取的控制体积各不相同。

4.3.1　内流流动工况

从压力分布曲线图 4-1 可以看出，最初阀芯底端静压力为进口压力的区域，压力几乎不变，静压力为出口压力的区域发生了变化，所以控制体积的选取必须包括阀静止状态时低压区所对应的阀芯底部，即大部分的阀芯面积。对于全锥锥阀在开口度较小时，节流口的上游压力变化区域的面积较小，予以忽略，所以采用动量定理进行分析时，根据控制体积控制面上的参数易于确定这一选取原则，可将过流断面作为分界处，仅包括过流断面下游位置阀芯底面，选取 *EFGZHE* 绕轴 *EF* 的旋转体为控制体积，如图 4-5（a）所示。

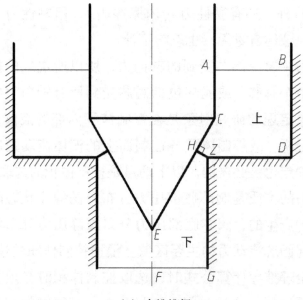

（a）全锥锥阀

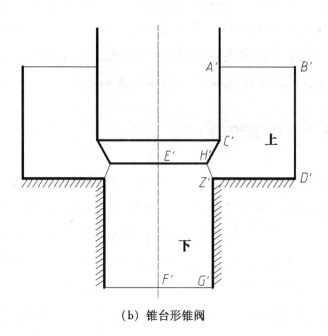

（b）锥台形锥阀

图4-5　锥阀控制体积选取示意

　　开口度较大时，节流口的上游位置，阀芯底部压力低于最初的静压力，使液动力方向向下，作用面积相对小开口度时增加，不可忽略。节流口的下游位置，阀芯底部压力不同于静止时的静压力，且作用面积大，压力差别大时会产生很大的液动力，所以控制体积需包含整个阀芯底部。另外，为了容易求得控制面上的流动参数，所选择的控制体积为平面 *ABDZGFEHCA* 绕轴心的旋转体，如图 4-5（a）所示，取其轴截面进行显示。如果出口压力低，进出口压差大，压力降至空气分离压时，此处可能会出现气穴，需考虑两相流问题，本章后续内容进行分析。

　　开口度小时，锥台形锥阀与全锥锥阀压力分布相同，控制体积的选取也相同，选取过流断面作为控制体积的控制面，在计算流量和液流角时需要采用第 2 章推导的计算公式。在开口度较大时，尤其是开口度大于转折开口度之后，阀芯锥部的压力与最初的静压力差值很大，且作用面积为整个锥部的表面积，产生的液动力不可忽视，故取包含整个阀芯的流场作为控制体积，如图 4-5（b）所示，平面 *ABDZGFEHCA* 绕轴心的旋转体，计算结果会更准确。

　　综上所述，小开口度时两种锥阀的控制体积选取与传统公式相同，这里不再叙述。以下主要分析两种锥阀在大开口度时的液动力计算方法。

　　（1）全锥锥阀。开口度较大时，根据提到的控制体积选取原则，所选择的控制体积为平面 *ABDZGFEHCA* 绕轴心的旋转体，如图 4-5（a）所示。为便于与传统方法比较分析，故将整个控制体积分成两部分，以锥阀的过流断面为分界面，称上部为高压区控制体积，下部为低压区控制体积。这样的分离也可更直观地体现全锥锥阀与锥台形锥阀的区别。以流体流动方向为正向，假定阀芯对控制体积内流体作用力方向向下。

分别以高、低压区控制体积内液体为研究对象，列写动量方程：

$$\rho Q v_c \cos a - \rho Q v_1 = F_U + F_1 - F_c - F_Z \qquad (4-1)$$

$$\rho Q v_2 - \rho Q v_c \cos a = F_D - F_2 + F_c \qquad (4-2)$$

式中：

ρ ——液体的密度；

Q ——通过阀的流量；

v_c ——控制体分割面上的平均流速；

v_1 ——入口速度；

v_2 ——出口速度；

a ——控制体分割面上液体的平均射流角；

F_U ——高压区阀芯底面对液体的作用力；

F_D ——低压区阀芯底面对液体的作用力；

F_1 ——液体在液流入口断面处受到的作用力；

F_2 ——液体在液流出口断面处受到的作用力；

F_c ——液体在过流断面处受到的作用力；

F_Z ——阀座底面对液体的作用力。

将式（4-1）、式（4-2）合并化简，得到以整个控制体积内液体为研究对象列写的动量定理方程：

$$\rho Q v_2 - \rho Q v_1 = F_D + F_1 + F_U - F_2 - F_Z \qquad (4-3)$$

则阀芯受到的液动力为

$$F_p = F_D + F_U - p_1 \pi (d_f^2 - d_z^2)/4 - p_2 \pi d_z^2/4$$
$$= \rho Q v_2 - \rho Q v_1 - F_1 + F_2 + F_Z - p_1 \pi (d_f^2 - d_z^2) - p_2 \pi d_z^2/4 \quad (4-4)$$

式中：

p_1 ——入口压力；

p_2 ——出口压力；

d_f ——阀芯直径；

d_z ——阀座出口处直径。

（2）锥台形锥阀。所选择的控制体积为平面 $A'B'D'Z'G'F'E'H'C'A'$ 绕轴心的旋转体，如图 4-1（b）所示，取其轴截面进行显示。$Z'H'$ 为分界面，将控制体积分成两部分，分别称为高、低压区控制体积。以控制体积内液体为研究对象，列写动量方程：

$$\rho Q v_c \cos a - \rho Q v_1 = F_U + F_1 - F_c - F_Z \qquad (4\text{-}5)$$

$$\rho Q v_2 - \rho Q v_c \cos a = F_D - F_2 - F_c \qquad (4\text{-}6)$$

与全锥锥阀推导相同，可知尽管全锥锥阀与锥台形锥阀大开口度时流动特性不同，但阀芯受到的液动力计算公式是一致的。公式（4-4）中，F_Z 是阀座底面的力，其余项都是阀进出口边界上的流动参数，其面上的流动参量可认为是均匀分布的。F_Z 的计算见下文推导。

对于全锥锥阀，在锥阀轴截面上，以阀芯锥面与阀座面延长线的交点 O 为圆心的圆弧 $\overset{\frown}{MN}$，绕轴心旋转得到的旋转面是等压面[128]，如图 4-6 所示。

旋转面的面积为

$$s(w) = (w + x \tan a)(\pi/2 - a) 2\pi(d_z/2 + w) \qquad (4\text{-}7)$$

任意旋转面上的速度为

$$v_s = Q/s(w) \qquad (4\text{-}8)$$

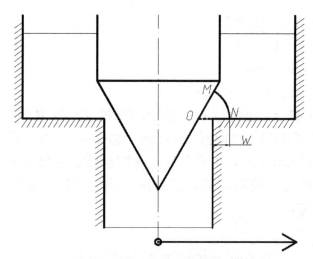

图4-6　全锥锥阀旋转等压面示意

根据伯努利方程，阀腔底面各点压力为

$$p(w) = p_i - \frac{\rho}{2}v_s^2 \qquad (4\text{-}9)$$

将式（4-7）、式（4-8）代入式（4-9）中得到阀座底面压力分布函数为：

$$p(w) = p_i - \frac{c_a^2 A^2 (p_1 - p_2)}{(w + x\tan a)^2 (\pi/2 - \theta)^2 4\pi^2 (d_z/2 + w)^2} \qquad (4\text{-}10)$$

对于锥台形锥阀开口度小于转折开口度时与全锥锥阀同，大于转折开口度时，以过流断面的母线的中垂线与阀芯锥面延长线交点为圆心的圆弧，绕轴心旋转得到的旋转面是等压面，如图4-7所示。压力分布函数较复杂，所以利用 Matlab 软件进行编程计算。

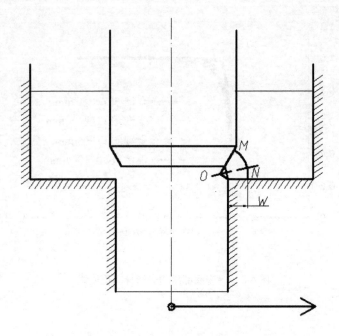

图 4-7　锥台形锥阀旋转等压面示意

　　将全锥锥阀结构参数代入式（4-10），锥台形锥阀代入程序计算，可以得到锥阀阀座底部压力分布曲线图 4-8，零点为轴心位置。

　　从图 4-8 中可以看出，开口度小时节流口收缩作用明显，所以在很大范围内压力与进口压力相等，在接近阀座直角处压力出现骤降。大开口度时压降转折处较为平缓。在开口度较小时，全锥和锥台形锥阀流量特性一致，阀座底部压力分布相同。开口度大时，锥台形锥阀同全锥锥阀在流场上游分布近似相同，由于出口为更充分的扩散流，故靠近阀座尖角处压力下降更多。

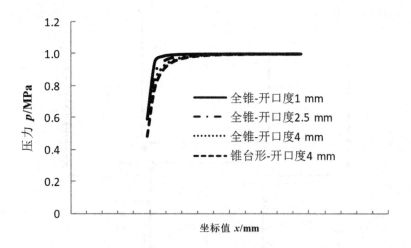

图 4-8　阀座底部压力分布计算值曲线

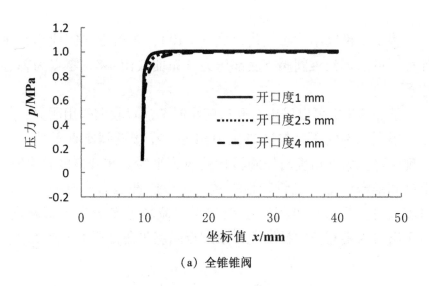

（a）全锥锥阀

图 4-9　阀座底部压力分布仿真值曲线

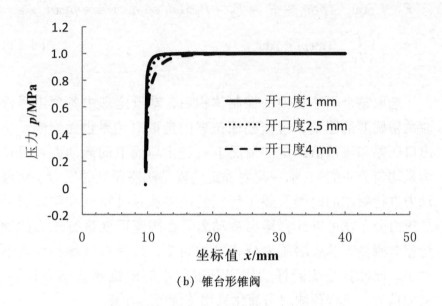

（b）锥台形锥阀

图 4-9　阀座底部压力分布仿真值曲线（续）

图 4-9 分别为全锥和锥台形锥阀阀座底面压力分布仿真曲线，可见仿真结果与理论公式计算结果基本一致。通过对阀座底部压力积分计算阀座底部壁面对控制体积内液体的作用力 F_Z。

$$F_Z = \int_0^{D-W} 2\pi w p(w)\,\mathrm{d}w \qquad (4\text{-}11)$$

式中：

w ——圆弧与阀座底面的交点到阀座直角点的距离，如图 4-6 所示；

$p(w)$ ——阀座底面对应的压力分布函数；

D ——阀座通孔直径；

W ——作以 O 点为圆心过阀芯锥部大端端点的圆弧与阀座底面的交点，此交点到阀座直角顶点的距离。

综上，内流流动工况锥阀大开口度时液动力的计算公式为：

$$F_{P} = \rho Q \upsilon_{2} - \rho Q \upsilon_{1} - F_{1} + F_{2} - P_{1}\pi(d_{f}^{2} - d_{z}^{2})/4 - p_{2}\pi d_{z}^{2}/4$$

$$+ \int_{0}^{D-W} 2\pi w p(w) \mathrm{d}w \qquad (4\text{-}12)$$

选取整个阀芯在内的控制体积后，动量定理中各项不受液流角精确度的影响，过流断面位置的选取对结果也无影响。进出口压差和流量值确定的情况下（进出口面上的流动参量可认为是均匀分布的），唯一需要确定的就是阀座面处的压力。对液动力进行测试的时候只要了解阀的压差流量外特性和阀座面处的压力分布就可以计算得出液动力。在阀座面处进行压力的测量相对测量阀芯底端压力分布更加简便，且其对流场特性影响也小。此计算公式同样适用于开度较小时的锥阀液动力计算，更加精确，工程预测时可简化采用传统公式计算。

4.3.2 外流流动工况

对于外流流动工况，传统公式推导时，选取的控制体积是以节流口为分界面，仅包括过流断面上游位置阀芯底部。结合液动力的本质，阀芯底部压力与阀静止状态时阀芯的静压力不同而产生。从压力分布曲线图4-3可以看出，阀静止状态时阀芯底端静压力为出口压力的低压区域压力变化较小，静压力为进口压力的高压区域发生了变化，所以控制体积的选取需包括阀静止状态时高压区所对应的阀芯底部，即大部分的阀芯面积，包括节流口的上下游位置，与传统公式中控制体积选取区域不同。

开口度较小时，阀底压力变化集中在节流口附近，节流口下游压力变化面积较小，产生的液动力小，予以忽略，传统控制体积的选取方法可以采用。

开口度较大时，需考虑节流口下游压力变化产生的液动力。

故将过流断面上游的压力变化产生的液动力采用传统公式计算，对过流断面下游的压力变化产生的液动力进行修正。根据阀芯底部压力分布曲线，过流断面下游的压力近似为出口压力值，将此压力与静压力比较计算出来的力值作为修正值。

对于全锥锥阀液动力不同开口度时过流断面相对于轴心在锥面上的径向位置

$$r_x = d_z/2 - x\sin a\cos a \tag{4-13}$$

修正量为

$$F_{cq} = \frac{1}{4}\pi x\sin(2a)(p_1 - p_2)[2d_z - x\sin(2a)] \tag{4-14}$$

对于锥台形锥阀开口度较大但小于转折开口度时，修正量也由式（4-13）计算求得。开口度大于转折开口度时，过流断面过阀芯锥部小端定点，故修正量为

$$F_{cz} = \frac{1}{4}\pi(p_1 - p_2)[d_z^2 - (d_f - 2H\tan a)^2] \tag{4-15}$$

需要指出，采用传统公式计算液动力的部分，开口度不同时全锥锥阀和锥台形锥阀是有区别的，要按照第 3 章所确定的过流断面作为控制体积的边界面。

4.4　两相流情况

对于不可压缩流体，液流经过节流口处，流速增大，压力降低。节流后，在节流口的下游，出现缩颈流，此处压力最低。此后，压力增高，流速降低，逐步升为出口压力。显然，对于

同一阀口，进出口压差相等，进出口压力值越小，则阀内最低压力值越小。进出口压力值高，阀内流场为单相流动。如果低的进出口压力值使得阀内最低压力值降低到液体的空气分离压或饱和蒸汽压，变成了两相流，此时流场的流动特征与单相流相比发生了显著变化。液动力的本质是由于液流的流动使得阀芯底部受力面上的压力发生变化。可见，进出口压力差值相同，进出口压力值都高时是简单的单相流，进出口压力值较低时，可能出现两相流，因此阀芯所受到的液动力值是有区别的。但是液动力计算公式中，液动力与进出口压力差值成正比，与进出口压力值的大小无关，故需要对液动力公式进行修正。

锥阀为内流工况时，液流静止状态下，阀芯底部对应出口通道的圆形面积作用着出口压力，阀芯锥部上端的环形面积作用着进口压力。对于阀芯受力来说，出口压力作用于阀芯的面积占阀芯整个受力面积的绝大部分，高的进口压力只是作用在小部分的环形面积，尤其对于面积比为 1.07 的锥阀，高低压作用面积之比仅为 0.07。液流流动时，同样的进出口压差，不同的进出口压力值，若流动特征发生变化，主要是节流口下游的压力场不同，即阀芯底部对应出口通道的圆形面积上压力不同，其作用面积占受力面积的主要部分，故液动力会有更明显区别。所以对内流式锥阀来说，公式的修正尤为迫切。

4.4.1　阀内流场分析

4.4.1.1　数值计算条件

利用全空穴模型和 RNGk-ε 湍流模型对阀内流场进行两相流数值模拟。在计算时，为了比较进出口压差相同，进出口压力值不同时的流动状况，入口和出口边界都设定为压力边界条件。为对阀通过相同流量时，不同的出口压力值对应的流场进行研究比较，以速度入口、压力出口为边界条件进行了流场仿真。出口边界分别设定为101325 Pa和5 MPa。假设流体为不可压缩液体。

4.4.1.2 仿真结果分析

首先分析进出口压差相同，进出口压力值不同时的流场流动情况，入口和出口边界都设定为压力边界条件。

图4-10为进出口压差相等，出口压力分别为5MPa和101325Pa的阀内流场压力轮廓图。

从图中可以看出，出口压力高的阀内流场为单相流，最低压力出现在节流口下游的阀座尖角处，为3075850.8 Pa，与进口压力的差值明显低于进口与出口压力差。阀出口压力为大气压时，阀内流动为两相流，最低压力值为液体的饱和蒸汽压（与文献［128］的实验数据相吻合），与进口压力值无关。从以上可以得出进出口压差相同，但进出口压力值不同，阀内压力分布明显变化，对于阀芯受到的液动力来说有很大影响。

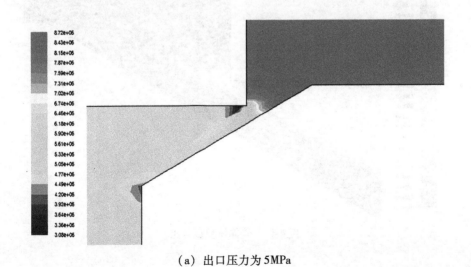

（a）出口压力为5MPa

图4-10 相同进出口压差的压力轮廓图

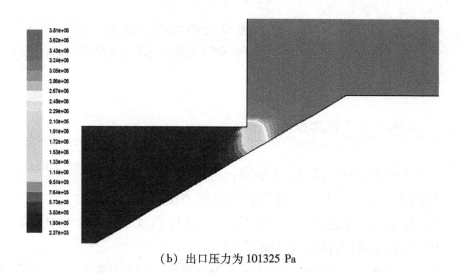

（b）出口压力为101325 Pa

图4-10　相同进出口压差的压力轮廓图（续）

图4-11为出口压力为大气压时阀内流场气体体积百分比。可见，同样的进出口压差，阀出口压力低时，阀内低压区气体析出或相变，变为两相流动。阀内气泡所在区域，对应于单相流时阀的低压区域。

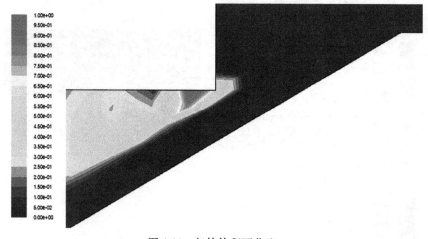

图4-11　气体体积百分比

图4-12为相同进出口压差，不同出口压力值时阀芯底部压力分布曲线。为了更好地体现液动力的产生原因，标出了进出

口压力值，即油液不流动时阀芯受到的静压力值。液流静止时，阀芯底部与出口相通的圆形面积作用着出口压力（0～9.667mm 区域的压力），锥部上端的环形面积作用着进口压力值（9.667～10mm 的压力）。油液流动时，阀芯底部压力发生变化。

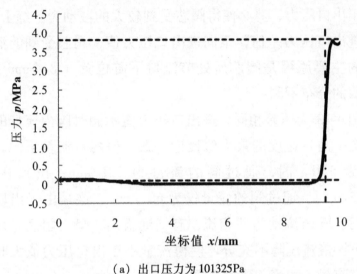

（a）出口压力为 101325Pa

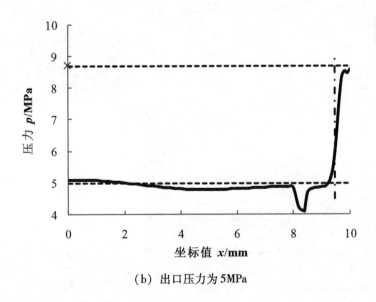

（b）出口压力为 5MPa

图 4-12　阀芯底部压力分布曲线（续）

从图4-12（a）中可以看出，出口压力低时，占受力面积主要部分的圆形面积区域压力变化值不是很大，最低压力为液体的饱和蒸汽压。从图4-12（b）中可以看出，阀芯底部在阀芯平底锥部的锥角部位出现了低的压力值，虽不是最低压力值，但远低于出口压力，势必使得阀芯受到较大的液动力。综上可见，相同进出口压力差值，不同进出口压力值，阀芯受到的液动力不同的主要原因是阀芯所处节流口下游位置（8.4 mm 附近）压力值的分布不同。

图4-13 为压差相同，进出口压力值不同时阀内流场的速度矢量图。两者速度的最大值接近一致，但两者流量不同。出口压力为 5MPa 时，通过阀的流量为 82L/min；出口压力为101325Pa 时，通过阀的流量仅为 60L/min。这是由于出口压力值小时，阀内流动为两相流，有气泡析出，呈现阻塞作用，节流口下游液流压降不充分，使得流量小于出口压力值大时通过阀内的流量，相当于流量系数变小了。

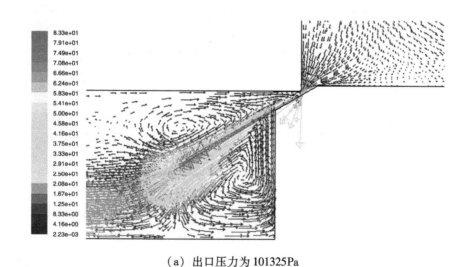

（a）出口压力为 101325Pa

图4-13　进出口压差相同，流场速度矢量图

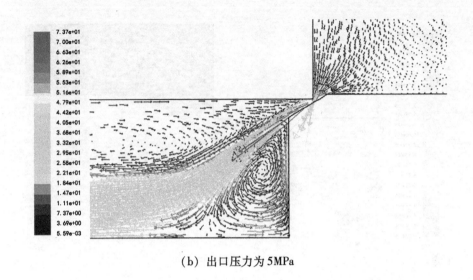

（b）出口压力为 5MPa

图 4-13　进出口压差相同，流场速度矢量图（续）

　　为与上述出口压力为 101325 Pa 的阀相比较，以速度入口、压力出口作为边界条件，对流量为 60 L/min，出口压力为 5 MPa 的阀内流场进行了仿真。图 4-14 为其阀内压力轮廓图和速度矢量图。从图 4-14（a）中可以看出，虽然两者流量相同，与图 4-10（b）相比，阀进出口压差值小很多。这是因为出口压力值高，阀内为单相流，液流经历了完整的压力恢复过程，阀内液流最大压差远低于阀进出口压差，已保证了通过所需流量对应的压差，故进出口压差较小。出口压力值低时，阀内出现气泡，对流动造成阻塞，进口压力并没有充分下降，所以通过相同的流量，进出口压差相应需要提高。图 4-14（b）为阀内流场的速度矢量图，与图 4-13（a）相比，由于其进出口压力差低，最大速度低于出口压力值低的流场内最大速度。

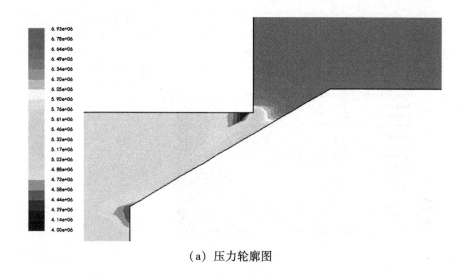

（a）压力轮廓图

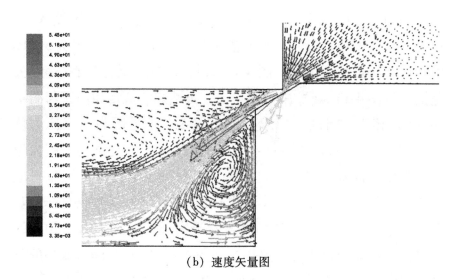

（b）速度矢量图

图 4-14　流量为 60 L/min，出口压力为 5MPa 时阀内压力轮廓图和速度矢量图

4.4.2　液动力的理论计算

传统液动力的计算公式为

$$F = \rho Q v_c \cos\theta \qquad (4\text{-}16)$$

上两式中：

F——阀芯受到的液动力；

ρ——液体密度；

v_c——过流断面上的平均流速；

θ——过流断面的平均射流角；

Q——通过阀的流量；

A——阀口过流断面面积；

c_d——流量系数。

将式 $Q = c_d A \sqrt{\dfrac{2(p_1 - p_0)}{\rho}}$ 带入得到：

$$F = 2 c_d c_v A (p_1 - p_0) \cos\theta \qquad (4\text{-}17)$$

可见液动力计算公式（4-17）中液动力与进出口压力差值成正比，与进出口压力值的大小无关。内流锥阀进出口压差一定的情况下，出口压力低时，节流过程可能存在复杂的相变过程，相变引起了特殊流态和流动特性，普通的公式已不能完全反映阀的特性，需对其进行修正。

液流产生阻塞时，用液体临界压力比系数来表征阻塞流条件下明显的缩流断面压力与入口温度下液体的蒸汽压力之比[188]。在此定义临界压力比系数，表征两相流时阀内流场最低压力与入口温度下液体的蒸汽压力之比。

$$F_F = 0.96 - 0.28\sqrt{\frac{P_{sat}}{p_c}} \qquad (4\text{-}18)$$

式中：

p_{sat} —— 液体的饱和蒸汽压；

p_c —— 液体的临界压力。

要使得液流流动完全不发生相变，则必须保证阀内的最低压力点高于此处液体的饱和蒸汽压或空气分离压，即满足条件 $p_{min} > F_F P_{sat}$ 。

结合式（3-26），定义 p_{1cr}，p_{0cr} 为对应压差 的临界进口压力和临界出口压力。

$$p_{1cr} = \frac{\Delta p}{F_L^2} + F_F P_{sat} \qquad (4\text{-}19)$$

$$p_{0cr} = \frac{1 - F_L^2}{F_L^2}\Delta p + F_F P_{sat} \qquad (4\text{-}20)$$

对于阀进出口一定压差值 Δp ，可得进口压力满足 $p_1 > p_{1cr}$ 或出口压力满足 $p_0 > p_{0cr}$ 时，阀内流场是单相流，使用传统液动力进行计算。

当 $p_1 < p_{1cr}$ 或 $p_0 < p_{0cr}$ 时，由于阀内流体出现相变，需要对液动力公式进行修正。此时阀内流场压降最大为

$$\Delta p_1 = F_L^2(p_1 - F_F P_{sat}) \qquad (4\text{-}21)$$

对传统液动力公式修正为

$$F_{cor} = 2c_d \cdot F_1 \cdot c_v A\Delta p_1 \cdot F_L^2\cos\theta \qquad (4\text{-}22)$$

进出口压力小时，阀内流场气体析出或是相变，没有经历完整的压力恢复过程，压降不充分，所以同样压降，两相流流动流量变小，相当于流量系数减小了。进出口压差值依据压力恢复过程的关系由最大压差修正得出。

在出口压力为101325 Pa时，计算可得，满足条件 $p_0 < p_{0cr}$，需采用修正液动力式（4-22）计算其液动力。出口压力为5MPa时，满足条件 $p_0 > p_{0cr}$，液动力采用传统公式式（4-16）计算。

表4-1为进出口压差值相同，出口压力值分别为101325 Pa和5 MPa时的液动力仿真值和计算值。从表中可以看出，出口压力为101325Pa的阀液动力明显比出口压力为5MPa的阀液动力数值小很多，与前面的分析一致。出口压力为5MPa时，液动力采用传统公式式（4-16）计算，计算值和仿真值吻合一致。在出口压力为101325 Pa时，采用修正液动力公式式（4-22）计算其液动力，得到的计算值和仿真值基本吻合。但是在高的进出口压差时，出现了偏差，这可能是因为此时油液流动已经出现了饱和，通过液流的阀内的液流流量不会再随着压差的增大而增大。

表4-1 液动力的计算值与仿真值

进出口压差 /MPa	出口压力 101325Pa		出口压力 5 MPa	
	液动力计算值/N	液动力仿真值/N	液动力计算值/N	液动力仿真值/N
2.7	21.4	20.9	54.3	53.7
3.7	27.3	26.8	70.2	72.6
5.0	38.3	28	102	101.2

需要说明，阀内出现气相时，压差达到某一定值，继续增大压差，流量不会再增加，即流量出现饱和，这时修正的液动力公式也是不适用的。此时阀起不到控制元件的作用，应该避免此工况。在文献［50］的实验数据中对内流式锥阀流量饱和现象有记录，文献［72］的实验数据中对外流式锥阀的饱和现象有记录。

4.4.3　公式的验证

4.4.3.1　计算值与仿真值的比较

在利用动量定理进行液动力计算时，忽略了控制体积中液体受到的黏性力。对流场进行仿真易得到控制体积中液体受到的黏性力，故考虑黏性力项对公式计算结果进行修正得到液动力的修正值。

图 4-15 为锥阀液动力的计算值和仿真值比较，从图中可以看出，在一定大范围的开度范围内，计算值和仿真值趋势一致。将计算值进行修正后，与仿真结果很吻合。在阀口开度很大时，公式和仿真值有所偏差。这是因为开度很大时，节流作用已经不明显，流量特性不是薄壁小孔形式。

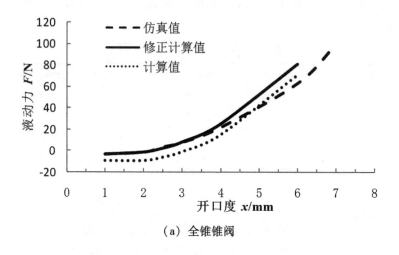

（a）全锥锥阀

图 4-15　锥阀液动力的计算值与仿真值比较

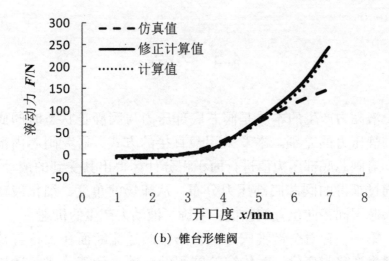

（b）锥台形锥阀

图 4-15　锥阀液动力的计算值与仿真值比较（续）

4.4.3.2　理论公式的试验验证

结合文献［128］中液压锥阀的锥阀液动力测试试验结果，将试验测试阀的参数代入推导所得公式进行液动力计算。图 4-16 为液动力公式计算值与试验测试值的比较。可见，得到的计算值与试验数值相比趋势一致。产生差值的原因是在利用动量定理推导公式时忽略了黏性力。由此可见，该理论公式适用于此类型锥阀的液动力计算。

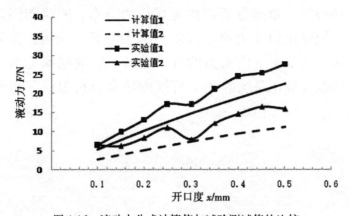

图 4-16　液动力公式计算值与试验测试值的比较

4.5　小结

液动力产生的本质是阀芯底部压力与阀静止状态时阀底受到的静压力的差别。本章采用最直接的方式，研究阀芯内部流场，对阀芯底部压力值进行面积积分计算得出其受到的液动力。并通过求得的阀芯底部压力分布，从流场的角度，细化液动力在阀芯不同径向位置的数值，明确了液动力产生的机理。

第一，针对全锥锥阀与锥台形锥阀过流断面在大行程范围内发生迁移与变化，对传统的锥阀的液动力计算公式的适用性进行了研究。根据动量定理中控制体积的选取原则和液动力产生机理，确定了锥阀在不同工况的控制体积，并推导出了阀芯开口度较大时的液动力计算公式，进一步完善了阀芯在大行程范围内液动力的理论基础，便于工程计算和建模使用。

第二，在传统液动力计算中，液动力与进出口压力差值成正比，与进出口压力值的大小无关，但同样的压差，出口压力值小时流场的流动特征变为两相流，与单相流相比发生了显著变化。针对这一现象，对两相流状况下的液动力公式进行了研究。利用全空穴模型和 RNGk-ε 湍流模型对阀内流场进行了模拟仿真，推导出临界进口压力值和临界出口压力值来区别阀内的不同流动特征。根据分析阀内流场压力分布，明确相同进出口压差，不同进出口压力值时液动力区别的真正原因，推导出了适用于两相流状态下液动力的计算公式。研究结果为液压阀的设计、阀以及液压系统静动态特性的仿真分析提供了重要的理论依据。

第 5 章　插装型锥阀多物理场耦合分析

5.1　引言

液压技术遍布整个工业控制领域，包括一些高科技领域，为了达到更加精准的控制，对控制元件的特性要求将更加苛刻。因此在研究插装阀流量特性时，考虑阀套和阀芯变形对于节流口过流面积及阀套阀芯间配合间隙的影响，将是液压元件设计理论不断完善化所必需的。阀套阀芯的变形既包括液体节流损失引起温度变化的热变形，也包括受到的油液压力产生的机械变形，所以需对插装锥阀进行热流固耦合分析，包括阀内液流流场分析、阀内液流温度场分析、锥阀固体域（阀芯阀套）温度场分析，流固热耦合及固体的应力应变分析（既包括流场分析结果传递的液体压力产生的机械应变，也包括温度引起的热应变）等几部分。

对插装型锥阀温度场的分析主要针对流场域、阀芯和阀套进行。具有以下特点：①整个锥阀传热包含热量传递过程的热传导、热对流，属于复合传热。②阀几何形状比较复杂，阀套通孔等形状不规则，难以用解析法求解。且阀内液流情况复杂，液流速度变化和液流流向等都对温度场有影响。③材料的种类较多，阀芯、阀体、阀套分别为不同的材料，而且材料的物性参数值（如导热系数、热容等）不同。整个热量传递过程复杂，比如液流与阀壁面之间热量传递属于强制对流换热，对流换热系数是时间和空间的函数，不仅与液体的物性以及换热表面

（即阀内液流通道）的作用面积与形状有关，而且与液体的流动速度有密切的关系。解析法求解时，要确定换热系数需要进行阀内部液流速度场分析，以得到液流流经阀壁面各部分时的流速。由于阀腔内部结构复杂，因此对流换热系数无法很好地确定，换热系数的计算一般都是建立在大量的试验基础上得到的经验公式或者说是简单的估算。解析法计算时有较大的估算成分，有限元技术可很好地解决上述问题。随着数值模拟技术的进步和发展，一些大型有限元软件相继涌现，如 ANSYS、MARC，借助这些平台进行温度场分析显示了巨大的优越性并取得了良好的效果。基于以上原因，用有限元方法对锥阀进行理论热分析。

流固热耦合问题是流动、应力、温度三场同时存在时的基本问题，指由流体、固体和温度场组成的系统中三者之间的相互作用。流体速度、固相质点位移、绝对温度、流体压力等被同时视为体现流体流动、热量传递、固体变形的一些基本变量，在流固热耦合问题中，这些量处于平等地位。在流固热耦合问题中，固体变形、流体流动、温度场三者之间交互影响，热效应与流体压力导致固体变形，固体变形与流体流动会使得固体和流体温度场发生变化，热效应与固体变形会引起流动特性的改变，三种效应同时发生、相互影响。液流经过锥阀阀口产生节流损失，必然产生热量传递给阀套阀芯，同时阀芯阀套承受液体压力，必然会产生变形及应力。由于阀芯阀套工作时变形很小，对流体流动状态及温度的变化影响也很小，故此处只考虑流体压力及温度对阀芯阀套结构的影响，即单向耦合作用。以所得的温度场和流场为基础，以温度场和流体压力为载荷，采用和温度场相同的模型，充分利用 ANSYS Workbench 的功能，进行阀体、阀套、阀芯的热应力——机械应力的分析。

5.2　计算模型

　　针对插装型锥阀的特点，插装型液压锥阀结构简图如图 5-1 所示。按照实际尺寸参数建立锥阀的三维数值模型，包括阀芯、阀套、阀体和阀内液流，即流体域和固体域整个完整的流动系统和传热系统。将阀腔内流体节流损失产生热量视为稳定热源，阀外表面与空气为自然对流换热，阀内液体与阀固体边壁之间是强制对流换热。计算过程中假设固体间热传导的热阻为零，假设进口油液温度保持恒定。

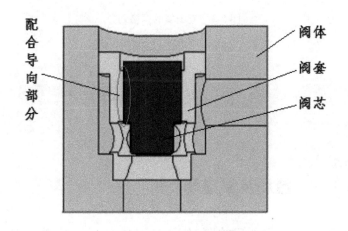

图 5-1　插装型液压锥阀结构简图

　　图 5-2 为流体域的网格划分情况。由于节流损失部分产生热量较多，流体域与固体域数值交换较多，故将节流损失部位网格细化，同时在求解过程中使用压力梯度作为自适应函数进行自适应网格化处理。尽可能地实现与实际阀模型一致，对较多的几何细节也进行了建模。

图 5-2　流场域的网格划分

5.3　仿真结果分析

5.3.1　流场及温度场

　　液流与阀壁面之间热量传递属于强制对流换热。液流的流动速度直接影响对流换热系数的大小。图 5-3 为不同进出口压差时阀内流场轴对称面的速度矢量图。图 5-3（a）、图 5-3（b）的量纲为 10 m/s，其余为 100 m/s。从图中可以看出，进出口小压差时，节流口速度不是很大，节流口下游的漩涡较小，靠近出口的一侧几乎不存在漩涡。进出口压差较大时，由于流量较大，节流口下游有油液附壁现象，而且充满整个通流孔区域。根据连续性方程可知，节流损失随着压差的增大是必然的。需注意的是，随着压差的不同，内部液流流动规律出现不同，也即节流损失转换成热量的程度会有影响，而且靠近壁面的液流速度影响液流与固体壁面之间的热传递。

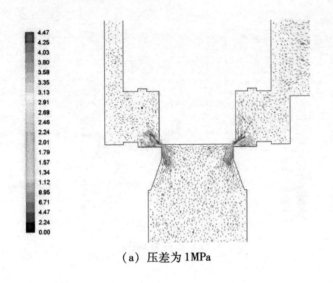

（a）压差为1MPa

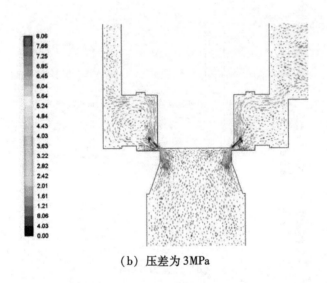

（b）压差为3MPa

图 5-3　不同进出口压差时阀内流场轴对称面的速度矢量

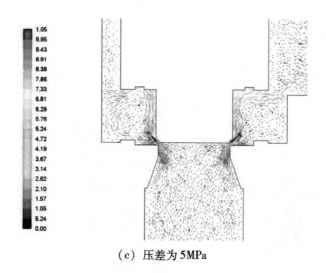

（c）压差为5MPa

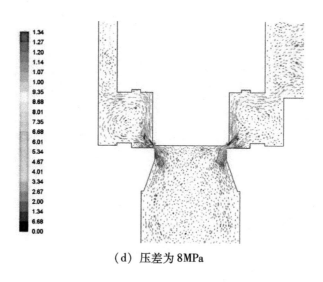

（d）压差为8MPa

图5-3　不同进出口压差时阀内流场轴对称面的速度矢量（续）

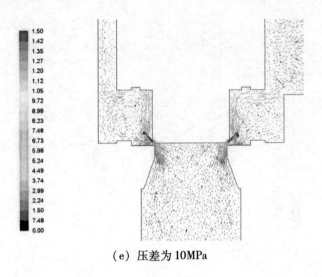

（e）压差为 10MPa

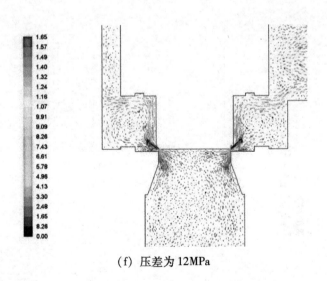

（f）压差为 12MPa

图 5-3　不同进出口压差时阀内流场轴对称面的速度矢量（续）

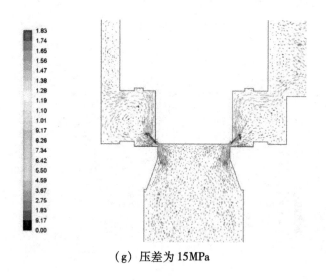

（g）压差为 15MPa

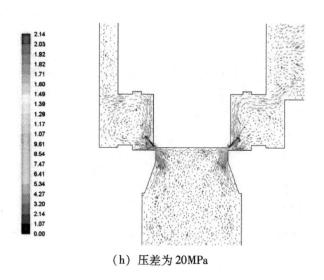

（h）压差为 20MPa

图 5-3　不同进出口压差时阀内流场轴对称面的速度矢量（续）

　　图 5-4 为不同进出口压差时液流轴对称面的温度场。从图中可以看出阀节流口后油液温度发生明显变化，可知阀内液体温度的升高主要是因为节流损失造成的能量损失转变成的热能。由于固体的热导率远远大于液体的热导率，故靠近固体边壁处液体的温度变化明显。阀节流口流束中心部位温度较低，因为阀节流口处液流速度大，热量被油液带走，故最大速度位置附近温度并无明显的升高。结合图 5-3 速度矢量图可以看出，进出口压差不同，液流附壁流和漩涡的流动特征不同，整个阀节流口下游的阀腔内温度分布出现不同，根源是液流速度的不同。

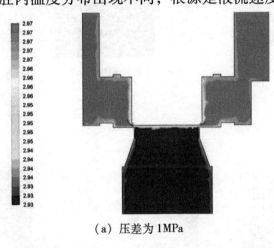

（a）压差为 1MPa

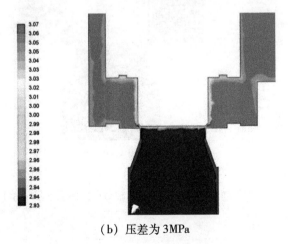

（b）压差为 3MPa

图 5-4　不同进出口压差时液流轴对称面的温度场

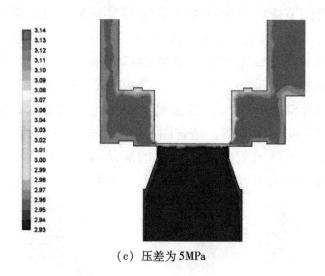

（c）压差为5MPa

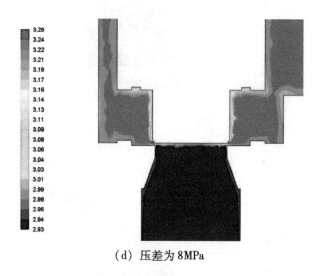

（d）压差为8MPa

图 5-4　不同进出口压差时液流轴对称面的温度场（续）

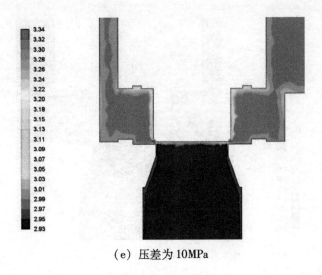

（e）压差为 10MPa

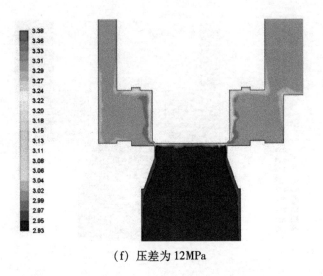

（f）压差为 12MPa

图 5-4　不同进出口压差时液流轴对称面的温度场（续）

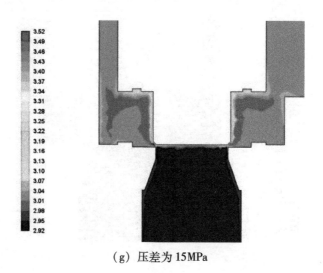

（g）压差为 15MPa

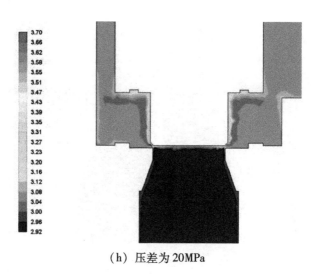

（h）压差为 20MPa

图 5-4　不同进出口压差时液流轴对称面的温度场（续）

从图 5-4 中进一步分析进出口压差对液流温度场的影响，在压差较低时，整个阀腔内的温度分布基本相同，只是靠近固体边壁的部位出现温差，在压差高时，由于很大的节流口速度，高速流液体形成低温流束流出。在靠近流束的壁面区域温度较高，与液流流动速度矢量图相对应分析可知，此处是液流相对阀芯的附壁流，流速较大，从而换热系数较大，也即温度最高点在阀芯边壁。总之，压差不同，液流流动形式不同，但流体域温度分布不同，固体域温度分布相同，只是温升量不同。

图 5-5 为不同边界条件时阀套和阀芯温度分布云图，图 5-5（a）～（d）为阀套轴对称面，图 5-5（e）～（h）为阀芯轴对称面，压差由上往下依次为 1MPa、3MPa、8MPa 和 10MPa。

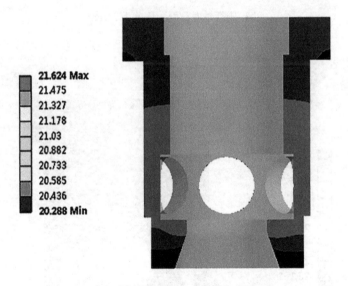

21.624 Max
21.475
21.327
21.178
21.03
20.882
20.733
20.585
20.436
20.288 Min

（a）阀套轴对称面，压差为 1MPa

图 5-5　不同边界条件时阀芯和阀套的温度分布

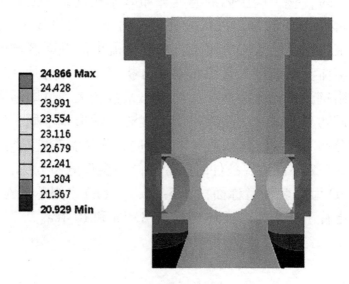

（b）阀套轴对称面，压差为 3MPa

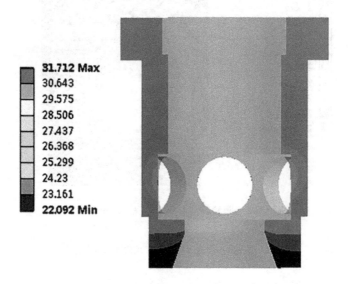

（c）阀套轴对称面，压差为 8MPa

图 5-5　不同边界条件时阀套和阀芯的温度分布（续）

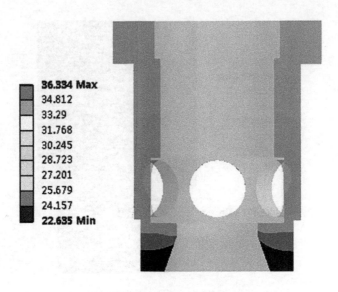

36.334 Max
34.812
33.29
31.768
30.245
28.723
27.201
25.679
24.157
22.635 Min

（d）阀套轴对称面，压差为 10MPa

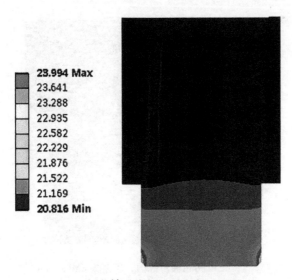

23.994 Max
23.641
23.288
22.935
22.582
22.229
21.876
21.522
21.169
20.816 Min

（e）阀芯轴对称面，压差为 1MPa

图 5-5　不同边界条件时阀套和阀芯的温度分布（续）

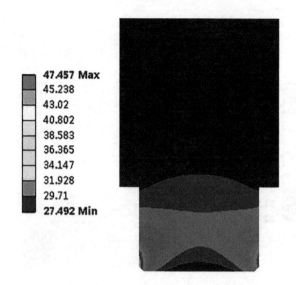

（f）阀芯轴对称面，压差为3MPa

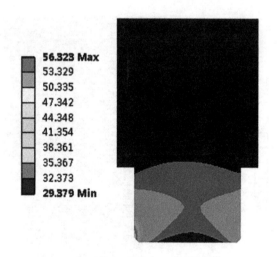

（g）阀芯轴对称面，压差为8MPa

图5-5　不同边界条件时阀套和阀芯的温度分布（续）

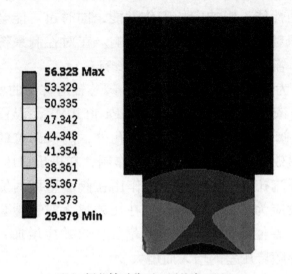

（h）阀芯轴对称面，压差为 10MPa

图 5-5　不同边界条件时阀套和阀芯的温度分布（续）

　　由于阀套的热导率较大，从图 5-5（a）～（d）中可以看出，阀套整体温升不大。与流场的速度矢量图 5-3 比对，由于液流速度对流换热系数的影响，阀口前的阀套部位温度较低，阀口处是温度变化最大的区域。阀套通流孔部位受到液流在阀腔内的冲击温度也较高。阀芯温度的变化主要是液体与其壁面的强制对流换热，从阀芯温度分布图 5-5（e）～（h）可以看出，与液流接触部分温度发生显著变化，其他部位温度基本不变。阀芯锥部温升较大，且不太对称，靠近出口的一侧温度较低。

5.3.2　阀套和阀芯变形量

　　液压阀通过阀口的节流作用控制液流的流动，节流损失转化成热能，造成油液温度的升高，液体与固体壁面之间的强制对流换热使得阀芯阀套的温度分布不均匀。热效应和作用在阀套和阀芯上的流体压力共同作用，必然会导致阀套和阀芯产生变形及应力。阀芯阀套的变形对其配合间隙的影响，直接关系阀芯的运动性能，影响阀的工作性能，同时也可能会改变节流口通流面积对阀的通流特性产生影响。在对控制系统有较高精度要求时，需考虑此变形量带来的影响。

图5-6为不同边界条件时阀套和阀芯轴对称面的变形量，压差由上往下依次为1MPa、3MPa、8MPa和10MPa。从图5-6(a) ~ (d)中可见阀套最大变形量在通流孔处，阀口部位的变形量次之。考虑热效应和压力效应的共同作用，在进出口压差较小时，通过阀套通流孔处的压降较小，作用在阀套壁面两侧液体压力接近，热效应为主，变形较大；在压差增大时，阀套通孔内外侧的液压力差值增大，同时温升增加，热效应增加，综合作用产生的变形随着压差的增大而增大。

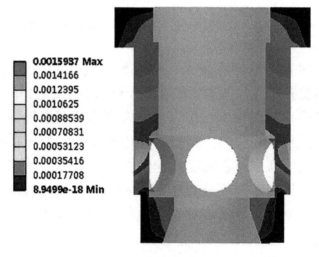

（a）阀套轴对称面，压差为1MPa

图5-6　不同边界条件时阀套阀芯变形量

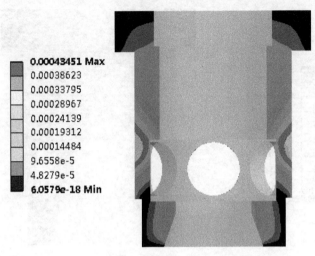

（b）阀套轴对称面，压差为 3MPa

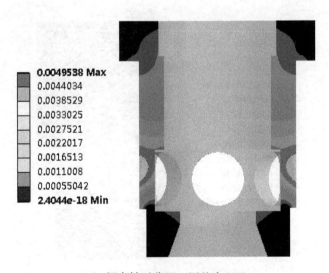

（c）阀套轴对称面，压差为 8MPa

图 5-6　不同边界条件时阀套阀芯变形量（续）

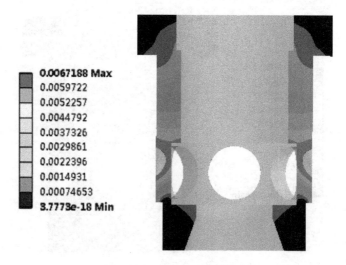

（d）阀套轴对称面，压差为 10MPa

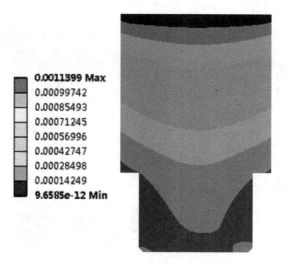

（e）阀芯轴对称面，压差为 1MPa

图 5-6　不同边界条件时阀套阀芯变形量（续）

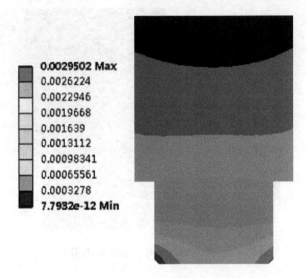

（f）阀芯轴对称面，压差为 3MPa

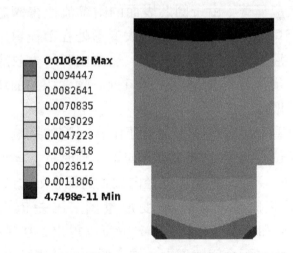

（g）阀芯轴对称面，压差为 8MPa

图 5-6　不同边界条件时阀套阀芯变形量（续）

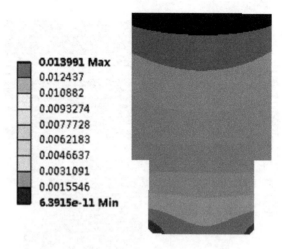

（h）阀芯轴对称面，压差为10MPa

图5-6　不同边界条件时阀套阀芯变形量（续）

从图5-6（e）～（h）中可以看出进出口压差较小时，热效应相对压力效应显著，由于阀芯表面的附壁流使得阀芯的温升最大处为节流口下游，故阀芯的最大变形处在节流口下游。但压差较大时，液压力效应更加突出，热效应和压力效应共同作用使得阀芯的最大变形量出现在阀口处。随着压差的增大，阀芯最大变形量增加。

为了更直观地分析变形量对于配合间隙的影响，以靠近出口处的径向位置为0°，从入口方向看，顺时针方向取配合孔在0°、90°、180°、270°四条不同径向位置的配合处边线进行分析。图5-7为阀芯阀套对应边线变形量图，压差依次为1MPa、3MPa、8MPa和10MPa。从图5-7中可以得出，在压差较小时，阀芯的变形使得配合间隙增大，阀套的变形使得配合间隙较小，但阀芯的变形量较小，综合阀芯阀套的变形会使得两者的配合间隙减小，易造成卡紧。压差增大时，阀芯阀套的变形方向发生变化，但是同时阀芯的变形量相对阀套的变形量增大，因此也是使得阀芯阀套间的配合间隙减小。但变形量配合间隙呈楔形，对应于液流方向，是顺锥形式，有助于减缓液压卡紧问题。

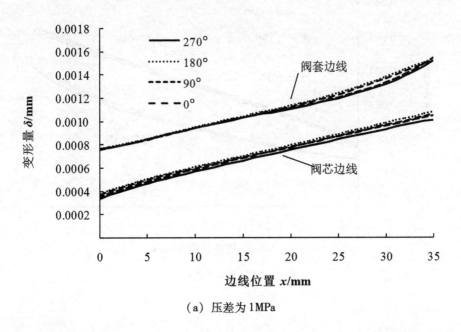

（a）压差为1MPa

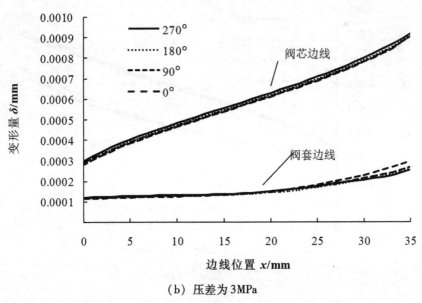

（b）压差为3MPa

图 5 -7　阀芯阀套配合处不同角度边线变形量

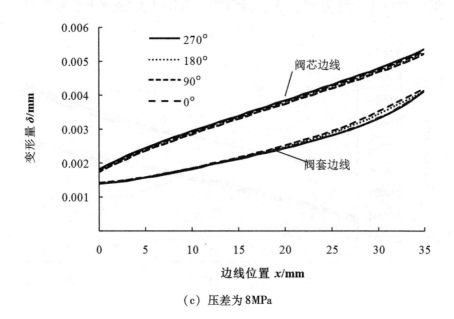

（c）压差为 8MPa

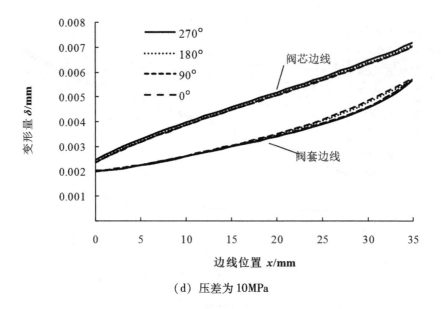

（d）压差为 10MPa

图 5 -7　阀芯阀套配合处不同角度边线变形量（续）

通过分析可知，热效应和液压力共同作用下阀芯阀套的变形对于阀芯阀套的配合间隙有一定的影响，但两者的作用根据锥阀工况的不同，会有很大的变化，在实际过程中应该针对典型工况进行具体分析。

阀芯阀套的变形不仅影响阀芯阀套组成的运动副间，同时还需考虑阀芯阀套的变形是否对于节流特性有影响。图 5-8 给出阀套节流边沿周长方向的变形量。从图中可以看出，压差为 1MPa 时的变形量比 3MPa 时的大，正如前所述，压差小时，变形以热效应为主要因素；压差大时，热变形由热效应和机械效应共同作用产生。可见，机械效应对热效应产生的变形有抑制作用，且随着压差的增加，变形加大。另可得出周向尺寸方向阀套直角边变形量对应于阀套通流孔的位置有变化，在压力较高时变化体现地更加明显，所以对于阀内流场温度场进行分析时如采用二维模型会有较大误差。

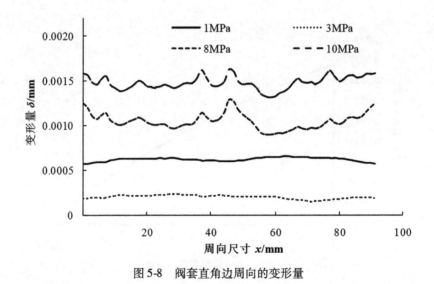

图 5-8　阀套直角边周向的变形量

图 5-9 为阀芯锥部边线的变形量。从图中可得出，阀芯锥部的变形和阀套节流边的变形相对阀口开度较小，对节流口面积影响较小，即对阀口过流特性的影响小，同时验证了采用单向

耦合方法的合理性。

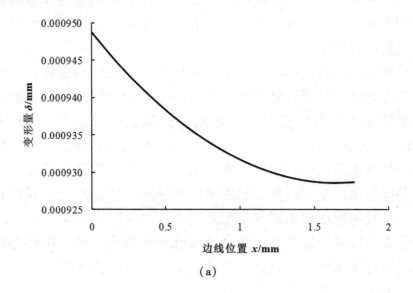

（a）

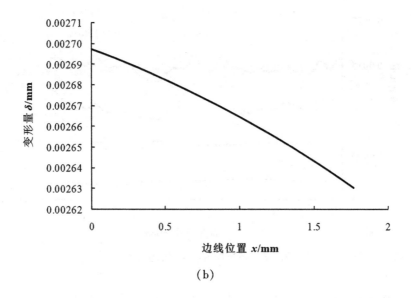

（b）

图5-9　阀芯锥部边线变形量曲线

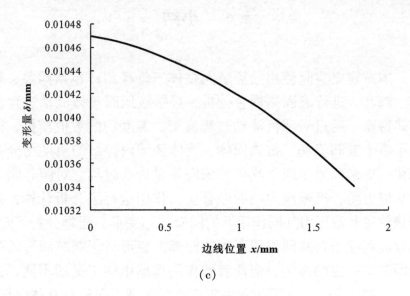

(c)

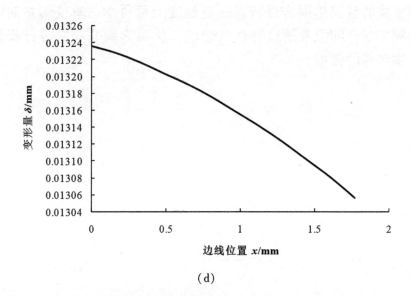

(d)

图 5-9　阀芯锥部边线变形量曲线（续）

5.4　小结

本章建立实际使用的插装阀整体三维模型，包括阀芯、阀体、阀套，进行液固热耦合分析，根据液压阀流体流动过程的传热特点，通过对液流流动过程流场、温度场的数值模拟，得出了整个锥阀流场，锥阀固体、液体区域内详细的温度场分布规律，更精确地体现了阀内流固间热量传递过程。对阀芯阀套的热应力场、机械应力场的综合应力作用进行了分析计算，得到热效应和液压力共同作用下的阀套阀芯变形。通过分析可知，热效应和液压力共同作用下阀芯阀套的变形对于阀芯阀套的配合间隙有一定的影响，但两者的作用根据锥阀工况的不同，会有很大的变化，在实际过程中应该针对典型工况进行具体分析。阀芯阀套的变形对锥阀节流特性的影响一般可以忽略不计。对阀整体的流固热耦合分析在一定程度上可科学估算变形量对阀套阀芯配合间隙及阀口特性的影响，从而为阀套阀芯设计提供可供参考的依据。

参考文献

[1] 黄人豪, 濮凤根. 液压控制技术回顾与展望 [J]. 液压气动与密封, 2002, 96 (6): 1 - 9.

[2] 黄人豪. 二通插装阀的结构原理和功能机理分析 [J]. 流体传动与控制, 2004 (4): 5 - 7.

[3] 黄人豪, 濮凤根. 二通插装阀控制技术在中国的应用研究和发展综述 [J]. 液压气动与密封, 2003, 98 (2): 1 - 11.

[4] 黄人豪, 濮凤根. 二通插装阀和比例控制技术在我国重大工程和装备中的应用 [J]. 机电工程, 2002 (5): 3 - 7.

[5] 许益民. 电液比例控制系统分析与设计 [M]. 北京: 机械工业出版社, 2005.

[6] 王庆国, 苏东海. 二通插装阀控制技术 [M]. 北京: 机械工业出版社, 2001.

[7] 吴根茂, 邱敏秀, 王庆丰, 等. 新编实用电液比例技术 [M]. 杭州: 浙江大学出版社, 2006.

[8] 杨尔庄. 21 世纪液压技术现状及发展趋势 [J]. 液压与气动, 2001 (3): 1 - 3.

[9] 路甬祥, 胡大纮. 电液比例控制技术 [M]. 北京: 机械工业出版社, 1988.

[10] 黄火兵, 夏伟, 屈盛官, 等. 比例控制与插装阀技术的应用与发展 [J]. 机床与液压, 2007, 35 (4): 229 - 231.

[11] 黄人豪. 液压控制元件模块化、可组配、开放式和集

成化的思考［J］. 机电产品市场, 2007 (4): 54 –57.

［12］黄人豪. 基于 MINISO 紧凑型二通插装阀的新一代模块化、可配组和开放式电液组合式控制技术［J］. 液压气动与密封, 2012 (1): 78 –81.

［13］黄人豪. 液压控制元件产品结构创新和发展趋势（续）［J］. 流体传动与控制, 2005 (2): 11 –13.

［14］W. Backe. 液压阻力回路系统学［M］. 北京: 机械工业出版社, 1986.

［15］唐建中, 陈同庆. 液压系统的大规模定制技术［J］. 新型工业化, 2013, 3 (10): 28 –33.

［16］Hailing An, Jungsoo Suh, Michael W. Plesniak. Flow in Co – axial Control valve［C］. 2003 ASME International Mechanical Engineering Congress, Washington, D. C., 2003: 457 –465.

［17］Linda Tweedy Till, Glenn Wendel. Application of Computational Fluid Dynamics Analysis in Improving Valve Design［J］. SAE, 2002, 1397 (1): 3 –5.

［18］Himadri Chattopadhyay, Arindam Kundu, Binod K. Saha, etc. Analysis of flow structure inside a spool type pressure regulating valve［J］. Energy Conversion and Management, 2012, 53 (1): 196 –204.

［19］Chern M. J., Wang C. C., Ma C. H.. Performance test and flow visualization of a ball valve［J］. Experiment Thermal Fluid Science, 2007, 31 (6): 505 –512.

［20］Matthew J. Stevenson, Xiao Dong Chen. Visualization of the flow patterns in a high – pressure homogenizing valve using a CFD package［J］. Journal of Food Engineering, 1997, 33 (1): 151 –165.

［21］Song Xueguan, Cui Lei, Cao Maosen, etc. A CFD analysis of the dynamics of a direct – operated safety relief valve mounted on a pressure vessel [J]. Energy Conversion and Management, 2014 (81): 407 –419.

[22] Priyatosh Barman. Computational Fluid Dynamics Analysis to Predict and Control the Cavitation Erosion in a Hydraulic Control Valve [C]. SAE 2002 World Congress, Michigan, USA, 2002: 1 –5.

[23] Moholkar V. S. , Pandit A. B. Numerical investigations in the behaviour of one – dimensional bubbly flow in hydrodynamic cavitation [J]. Chemical Engineering Science, 2001 (56): 1411 –1418.

[24] Yuan Weixing, Sauer Jürgen, Schnerr r H. Günte. Modeling and computation of unsteady cavitation flows in injection nozzles [J]. Mécanique & Industries, 2001, 2 (5): 383 –394.

[25] Paolo Casoli, Andrea Vacca, Germano Franzoni, etc. Modelling of fluid properties in hydraulic positive displacement machines [J]. Simulation Modelling Practice and Theory, 2006, 14 (8): 1059 –1072.

[26] Vedanth Srinivasan, Abraham J. Salazar, Kozo Saito. Numerical simulation of cavitation dynamics using a cavitation – induced – momentum – defect (CIMD) correction approach [J]. Applied Mathematical Modelling, 2009, 33 (3): 1529 –1559.

[27] Chen Q. , Stoffel B. CFD Simulation of a Hydraulic Servo Valve with Turbulent Flow and Cavitation [C]. ASME/ JSME 2004 Pressure Vessels and Piping Conference, 2004: 197 –203.

[28] 那成烈. 三角槽节流口面积的计算 [J]. 甘肃工业大学学报, 1993, 19 (2): 45 –48.

[29] 王林翔, 赵长春, 陈鹰. 滑阀阀道内流体流动的数值

研究［J］. 机床与液压，1998（4）：11－13.

［30］王林翔，陈鹰，路甬祥. 液压阀道内的三维流体流动的数值分析［J］. 中国机械工程，1999，13（1）：127－129.

［31］高红，傅新，杨华勇. 球阀阀口气穴流场的数值模拟与实验研究［J］. 中国机械工程，2003，14（4）：338－340.

［32］冀宏，傅新，杨华勇. 内流道形状对溢流阀气穴噪声影响的研究［J］. 机械工程学报，2002，38（8）：19－22.

［33］弓永军，周华，杨华勇. 阀芯结构对纯水溢流阀抗汽蚀特性的影响研究［J］. 农业机械学报，2005，36（08）：50－54.

［34］高红，傅新. 锥阀阀口气穴流场的数值模拟与试验研究［J］. 机械工程学报，2002，38（8）：27－30.

［35］Lu L., Zou J., Fu X., etc. Cavitating flow in non－circular opening spool valves with U－grooves［J］. Proe. IMechE, Part C：J. Mechanical Engineering Science, 2009, 223（C10）：2297－2307.

［36］冀宏，王东升，刘小平，等. 滑阀节流槽阀口的流量控制特性［J］. 农业机械学报，2009，40（1）：198－202.

［37］冀宏，傅新，杨华勇. 几种典型液压阀口过流面积分析及计算［J］. 机床与液压，2003（5）：14－16.

［38］袁士豪，殷晨波，叶仪，等. 异型分压阀口节流槽节流特性研究［J］. 农业机械学报，2014，45（1）：321－327.

［39］袁士豪，殷晨波，刘世豪. 液压阀口二级节流特性［J］. 排灌机械工程学报，2012，30（06）：715－720.

［40］袁士豪，殷晨波，叶仪. 基于模糊综合判断的液压阀

口节流特性优化 [J]. 南京工业大学学报（自然科学版），2013，35（6）：23-28.

[41] 叶仪，殷晨波，刘辉，等. 节流槽阀口静态流动特性研究 [J]. 农业机械学报，2014，45（6）：308-315.

[42] 陈晋市，刘昕晖，元万荣，等. 典型液压节流阀口的动态特性 [J]. 西南交通大学学报，2012，47（2）：325-332.

[43] 贺晓峰，黄国勤，杨友胜，等. 球阀阀口流量特性的试验研究 [J]. 机械工程学报，2004，40（8）：30-33.

[44] 王安麟，吴小锋，周成林，等. 基于 CFD 的液压滑阀多学科优化设计 [J]. 上海交通大学学报，2010，44（12）：1767-1772.

[45] Shigeru OSHIMA, Tsuneo ICHIKAWA. Cavitation Phenomena and Performance of Oil Hydraulic Poppet Valve：1st Report, Mechanism of Generation of Cavitation and Flow Performance [J]. Bulletin of JSME, 1985, 28（244）：2264-2271.

[46] Shigeru OSHIMA, Tsuneo ICHIKAWA. Cavitation Phenomena and Performance of Oil Hydraulic Poppet Valve：2nd Report, Influence of the Chamfer Length of the Seat and the Flow Performance [J]. Bulletin of JSME, 1985, 28（244）：2272-2279.

[47] Shigeru OSHIMA, Tsuneo ICHIKAWA. Cavitation Phenomena and Performance of Oil Hydraulic Poppet Valve：3rd Report, Influence of the Poppet Angle and Oil Temperature on the Flow Performance [J]. Bulletin of JSME, 1986, 29（249）：743-750.

[48] Shigeru OSHIMA, Tsuneo ICHIKAWA. Cavitation Phenomena and Performance of Oil Hydraulic Poppet Valve

:4th Report, Influence of Cavitation on the Thrust Force Characteristics [J]. The Japan Society of Mechanical Engineers, 1985, 51(467): 2249 –2256.

[49] Shigeru OSHIMA, Tsuneo ICHIKAWA. Cavitation Phenomena and Performance of Oil Hydraulic Poppet Valve: 5th Report, Influence of Dimensions of Valve on the Thrust Force Characteristics [J]. Bulletin of JSME, 1986, 29(251): 1427 –1433.

[50] Shigeru OSHIMA, Timo LEINO, Matti LINJAMA etc. Experimental Study on Cavitation in Water Hydraulic Poppet Valve [J]. Transactions of the Japan Fluid Power System Society, 2002, 33(2): 29 –35.

[51] D. N. Johnston, Edge K. A. , Vaughan N. D. Experimental investigation of flow and force characteristics of hydraulic poppet and disc valves [C]. Proceedings of the Institution of Mechanical Engineers, Part A: Journal of Power and Energy, 1991: 161 –205.

[52] N. D. Vaughan, Johnston D. N. , Edge K. A. Numerical simulation of fluid flow in poppet valves [C]. Proceedings of the Institution of Mechanical Engineers, Part C, 1992 (206): 119 –127.

[53] KeshenY. , Takahashi K. , Nonoshita T. ,etc. Numerical analysis of the jet issuing from a poppet valve. Proceedings of the 3rd. International Symposium on Fluid Power Transmission and Control (ISFP99) , 1999:55 –60.

[54] LIAO Yide, LIU Yinshui, HUANG Yan, etc. Flow and cavitation characteristics of water hydraulic poppet values [J]. Journal of Harbin Institute of Technology (New Series) , 2002, 9(4): 415 –418.

[55] James A. Davis, Mike Stewart. Predicting Globe Control

Valve Performance Part I: CFD Modeling [J]. Journal of Fluids Engineering, 2002, 124(3): 772 –777.

[56] Roger Yang. Predicting hydraulic valve flow forces using CFD [C]. Proceedings of IMECE04 2004 ASME International Mechanical Engineering Congress and Exposition, Anaheim, California, USA, 2004: 1 –7.

[57] Chin S. B., Chua Y. S., Wong A. P., etc. The Inward Flow Piezo Poppet Valve [C]. Proceedings of SPIE, 2005, 5649: 759 –767.

[58] Wong A. P., Bullough W. A., Chin S. B., etc. Performance of the piezo – poppet valve, Part 1 [J]. Proceedings of the Institution of Mechanical Engineers, Part I: Journal of Systems and Control Engineering, 2006, 220(6): 439 –451.

[59] Wong A. P, Bullough W. A, Chin S. B. Performance of the piezo – poppet valve, Part 2 [J]. Proceedings of the Institution of Mechanical Engineers, Part I: Journal of Systems and Control Engineering, 2006, 220 (6): 453 –471.

[60] Bazsó C., Hös C. J. An experimental study on the stability of a direct spring loaded poppet relief valve [J]. Journal of Fluids and Structures, 2013(42): 456 –465.

[61] Hös C. J., Champneys A. R., Paul K., etc. Dynamic behavior of direct spring loaded pressure relief valves in gas service: Model development, measurements and instability mechanisms [J]. Journal of Loss Prevention in the Process Industries, 2014(31): 70 –81.

[62] Tsukiji Tetsuhiro, Suzuki Yoshikazu. Numerical Simulation of an Unsteady Axisymmetric Flow in a Poppet Valve Using a Vortex Method [J]. ESAIM: Proceedings,

1996(1): 415 – 427.

[63] Tsukiji Tetsuhiro. Flow analysis in oil hydraulic valve using vortex method [C]. Proceedings of the 3rd International Symposium on Fluid Power Transmission and Control, Harbin, China, 1999: 67 – 72.

[64] Hayashi S., HAYASE T., KURAHASHI T. Chaos in a hydraulic control valve [J]. Journal of Fluids and Structures, 1997(11): 693 – 716.

[65] Bernad S., SUSAN – RESIGA R., ANTON I., etc. Vortex Flow Modeling Inside The Poppet Valve Chamber – Part 2 [C]. Bath Workshop on Power Transmission & Motion Control, PTMC 2001, Bath, U. K., 161 – 176.

[66] Bernad S., SUSAN – RESIGA R. Numerical Model for Cavitational Flow in Hydraulic Poppet Valves [J]. Modelling & Simulation in Engineering, 2012: 1 – 10.

[67] Bernad S., SUSAN – RESIGA R., MUNTEAN S., etc. Cavitation Phenomena in Hydraulic Valves. Numerical Modeling [J]. Proceedings of the Romanian Academy, 2007, 8(2): 1 – 10.

[68] T. Matthew Muller, Roger C. Fales. Design and Analysis of a Two – Stage Poppet Valve for Flow Control [J]. International Journal of Fluid Power, 2008, 9 (1): 17 – 26.

[69] Roger Fales. Stability and Performance Analysis of a Metering Poppet Valve [J]. International Journal of Fluid Power, 2006, 7(2): 11 – 17.

[70] Patrick Opdenbosch, Nader Sadegh, Wayne Book etc. Modeling an Electro – Hydraulic Poppet Valve [J]. International Journal of Fluid Power, 2009, 10 (1): 7 – 15.

[71] Mohammad Passandideh – Fard, Hossein Moin. A computational study of cavitation in a hydraulic Poppet valve [C]. HEAT 2008, Fifth International Conference on Transport Phenomena in Multiphase Systems, Bialystok, Poland, 2008.

[72] Koivula T. S., Ellman A. U. Cavitation Behaviour of Hydraulic Orifices and Valves [J]. SAE Technical, 1998: 387 – 394.

[73] Javad Taghinia – Seyedjalali, Timo Siikonen. Numerical investigation of flow in hydraulic valves with different head shapes [J]. Asian Journal of Scientific research 2013, 6 (3): 581 – 588.

[74] 金朝铭, 张雅文. 短通道园锥阀流量系数的研究 [J]. 哈尔滨工业大学学报, 1988 (2): 15 – 21.

[75] 王德拥. 锥阀过水截面的计算 [J]. 阀门, 1989 (4): 29 – 30.

[76] GAO Hong, FU Xin, YANG Hua – yong. Numerical investigation of cavitating flow behind the cone of a poppet valve in water hydraulic system [J]. Journal of Zhejiang University SCIENCE, 2002, 3 (4): 395 – 400.

[77] Gao H., Lin W. L., Fu X., etc. Suppression of a Cavitation near the Orifice of a Relief Valve [J]. Chinese Journal of Mechanical Engineering, 2005, 18 (1): 149 – 155.

[78] 高殿荣, 王益群. 液压锥阀流场的有限元解析 [J]. 机床与液压, 2000 (2), 12 – 16.

[79] 高殿荣, 王益群. 液压控制锥阀内流场的数值模拟与试验可视化研究 [J]. 机械工程学报, 2002, 38 (4): 66 – 70.

[80] 胡国清. 代数应力模型在液压集成块流道中的应用

［J］. 上海交通大学学报，1994，28（4）：130－137.

［81］李惟祥，邓斌，刘晓红，等. 基于 CFD 的液压锥阀振动原因分析［J］. 机械科学与技术，2012，31（9）：1434－1438.

［82］刘晓红，柯坚. 基于计算流体动力学解析的液压锥阀噪声评价［J］. 中国机械工程，2007，18（22）：2687－2691.

［83］刘晓红，柯坚. 基于压力分布模式的液压阀空化噪声评价［J］. 机械科学与技术，2008，2（27）：145－148.

［84］曹秉刚，郭卯应，中野和夫，等. 锥阀流场的边界元法解析［J］. 机床与液压，1991（2）：2－10.

［85］练永庆，吴朝晖. 基于 CAD 模型的液压圆锥阀流量系数的数值计算［J］. 机床与液压，2002（1）：71－72.

［86］王国志，王艳珍，邓斌，等. 水压滑阀流动特性可视化分析［J］. 机床与液压，2003（1）：95－96.

［87］王艳珍，于兰英，柯坚，等. 水压锥阀流场的 CFD 解析［J］. 机械，2003，30（5）：20－22.

［88］付文智，李明哲，李东平，等. 液压锥阀的数值模拟［J］. 机床与液压，2004（2）：44－46.

［89］邓春晓，潘地林. 液压锥阀的有限元分析及优化设计［J］. 煤矿机械，2004（6）：1－3.

［90］孔晓武，魏建华. 大流量插装式伺服阀数学模型及试验验证［J］. 浙江大学学报（工学版），2007，41（10）：1759－1762.

［91］Nie Songlin, Huang Guohe, Li Yongping, etc. Research on low cavitation in water hydraulic two－stage throttle poppet valve［C］. Proceedings of the Institution of Mechanical Engineers, Part E: Journal of Process

Mechanical Engineering, 2006: 167 –220.

[92] 李亚星. 电液比例插装阀数值模拟分析及可视化实验研究 [D]. 秦皇岛: 燕山大学, 2012.

[93] 姚静, 俞滨, 李亚星, 等. 一种插装式比例节流阀主阀套通孔新结构研究 [J]. 中国机械工程, 2014, 25 (4): 466 –470.

[94] Yi Dayun, Lu Liang, Zou Jun, etc. Interactions between poppet vibration and cavitation in relief valve [J]. Proc. IMechE, Part C: Journal of Mechanical Engineering Science, 2015, 229 (8): 1447 –1461

[95] Min W, Ji H, Yang L. Axial vibration in a poppet valve basedon fluid – structure interaction [J]. Proceedings of the Institution of Mechanical Engineers Part C Journal of Mechanical Engineering Science, 2015, 229 (17). 3266 –3273

[96] 闵为, 王峥嵘. 不同阀座半锥角条件下的锥阀阀口流场仿真 [J]. 兰州理工大学学报, 2012, 38 (6): 49 –52.

[97] LIAO Yide, LIU Yinshui, etc. Flow and cavitation characteristics of water hydraulic poppet valves [J]. Journal of Harbin Institute of Technology (New Series), 2002, 9 (4): 415 –418.

[98] Yasuhiro Kondoh. Analysis of flow forces acting on a spool valve (2nd report, lateral flow force caused by main flow) [R]. Proceedings of Japan mechanics society, 2002, 68 (667): 680 –688.

[99] Roger Yang. CFD Simulations of Oil Flow and Flow Induced Forces Inside Hydraulic valves [C]. The 49th National Conference on Fluid Power, Las Vegas, Nevada USA, 2002: 201 –207.

[100] Yuan Qinghui, Li Y. Perry. Modeling and experimental study of flow forces for unstable valve design [C]. ASME International Mechanical Engineering Congress: Fluid Power Systems and Technology, 2003: 29 – 38.

[101] Weongyu Shin, Hyunyoung Choi. Development of a direct drive servo valve with flow force compensated spool [C]. The 4th ASME/JSME Joint Fluids Engineering Conference, 2003: 633 – 663.

[102] Urata E., Yamashina C. Influence of flow force on the flapper of a water hydraulic servo valve [J]. JSME International Journal. Series B, 1998, 41 (2): 278 – 285.

[103] Borghi M., Milani M. Transient flow force estimation on the pilot stage of a hydraulic valve [C]. The ASME International Mechanical Engineering Congress and Exposition, California, USA, 1998: 157 – 162.

[104] Priyatosh Barman. Computational fluid dynamics (CFD) analysis to study the effect of spool slot configuration on spool and valve body erosion of hydraulic valve [C]. The 2001 ASME Fluids Engineering Division Summer Meeting, USA, 2001: 833 – 838.

[105] Ronald H. Miller, Gary S. Strumolo. A Design of Experiment Using Computation Fluid Dynamics for Spool – Type Hydraulic valves [C]. Proceedings of the ASME/ Fluids Engineering Division – 2000, Orlando, Florida, 2000: 325 – 334.

[106] 赵蕾. 阀芯运动过程液压滑阀内部流场的 CFD 计算 [D]. 太原: 太原理工大学, 2008.

[107] 许慧. 内流工况液压锥阀内部流场的三维可视化模拟与仿真 [D]. 太原: 太原理工大学, 2007.

[108] Gee Soo Lee, Hyung Jin Sung, Hyun Chul Kim. Flow Force Analysis of a Variable Force Solenoid Valve for Automatic Transmissions [J]. Journal of Fluids Engineering, 2010 (132): 031101. 1 – 7.

[109] Hisanori U., Atsushi OKAJCMA, etc. Noise measurement and numerical simulation of oil flow in pressure control valve [J]. JSME International journal, series B, 1994, 37 (2): 336 – 341.

[110] 冀宏, 付新, 杨华勇. 内流道形状对溢流阀气穴噪声影响的研究 [J]. 机械工程学报, 2002 (8): 19 – 32.

[111] 冀宏, 付新, 杨华勇. 非全周开口滑阀稳态液动力研究 [J]. 机械工程学报, 2003, 39 (6): 13 – 17.

[112] 付永领, 裴忠才, 宋国彪, 等. 新型直接驱动伺服阀的瞬态液动力分析 [J]. 机床与液压, 1999 (1): 23 – 24.

[113] 赵双龙, 许长安, 魏超. 滑阀稳态液动力的计算和分析 [J]. 火箭推进, 2006, 32 (3): 18.

[114] José R. Valdés, Mario J. Miana, José L. Núñez, etc. Reduced order model for estimation of fluid flow and flow forces in hydraulic proportional valves [J]. Energy Conversion and Management, 2008, 49 (6): 1517 – 1529.

[115] Amirante R., Moscatelli P. G., Catalano L. A. Evaluation of the flow forces on a direct (single stage) proportional valve by means of a computational fluid dynamic analysis [J]. Energy Conversion and Management, 2007 (48): 942 – 953.

[116] Amirante R., Vescovo G. Del, Lippolis A. Evaluation of the flow forces on an open centre directional control valve by means of a computational fluid dynamic analysis

［J］. Energy Conversion and Management. 2006 (47):
1748 – 1760.

[117] Yang R. Simulations of Oil Flow and Flow – Induced
Forces Inside Hydraulic Valves [J]. National Fluid Power
Association and Society of Automotive Engineers, 2002
(1): 201 – 207.

[118] Lisowski E., Rajda J. CFD analysis of pressure loss
during flow by hydraulic directional control valve
constructed from logic valves [J]. Energy Conversion and
Management, 2013 (65): 285 – 291.

[119] Ergin Kilic, Melik Dolen, Ahmet Bugra Koku, etc.
Accurate pressure prediction of a servo – valve
controlled hydraulic system [J]. Mechatronics, 2012,
22 (7): 997 – 1014.

[120] Shigeru IKEO, Masao HANYA. Flow Force Acting on
Two – Way – Cartridge Value [J]. Bulletin of JSME,
1986, 29 (255): 2938 – 2945.

[121] Sorensen H. L. Numerical and experimental analyses of
flow and flow force characteristics for hydraulic seat valves
with difference in shape [C]. Proceedings of the Bath
Workshop on Power Transmission & Motion Control, Bath,
U. K. 1999: 283 – 295.

[122] Bergada J. M., Watton J. A direct solution for flow
rate and force along a cone – seated poppet valve for
laminar flow conditions [J]. Systems and Control
Engineering, 2004, 218 (1): 197 – 210.

[123] 黄振德, 边耀刚. 内流式圆锥阀轴向液压推力的研
究 [J]. 农业机械学报, 1984 (4): 64 – 71.

[124] 郁凯元, 盛敬超. 关于内流式锥阀稳态液动力方向
的探讨 [J]. 液压与气动, 2006 (10): 26 – 28.

[125] 张海平. 纠正一些关于稳态液动力的错误认识 [J]. 液压气动与密封, 2010, 30 (9): 1－7.

[126] 路甬祥, 胡大纮. 电液比例控制技术 [M]. 机械工业出版社, 1988.

[127] 曹秉刚, 史维祥, 中野和夫. 内流式锥阀液动力及阀芯锥面压强分布的实验研究 [J]. 西安交通大学学报, 1995, 29 (7): 7－13.

[128] 曹秉刚, 史维祥, 中野和夫. 内流式锥阀液动力的理论探讨 [J]. 西安交通大学学报, 1995, 29 (7): 1－6, 12.

[129] 汤志勇, 范鸿滏, 曹秉刚. 关于锥阀动态液动力的探讨 [J]. 机床与液压, 1993 (1): 1－9.

[130] 汤志勇, 曹秉刚, 史维祥. 液压控制阀稳态波动力补偿方法的探讨——阀套运动法 [J]. 机床与液压, 1995 (2): 91－96.

[131] 赵铁钧, 王毅. 锥阀受力分析及动特性研究 [J]. 长春光学精密机械学院学报, 1992, 15 (4): 43－47.

[132] 刘桓龙, 洪威, 王国志, 等. 锥阀芯稳态液动力补偿研究 [J]. 机床与液压, 2013, 41 (19): 22－24, 28.

[133] Angadi S. V., Jackson R. L., Choe S. Y., et al. Reliability and life study of hydraulic solenoid valve. Part 1: A multi－physics finite element model [J]. Engineering Failure Analysis, 2009 (16): 874－887.

[134] Angadi S. V., Jackson R. L., Choe S. Y. etc. Reliability and life study of hydraulic solenoid valve. Part 2: Experimental study [J]. Engineering Failure Analysis, 2009 (16): 944－963.

[135] Ye Qifang, Chen Jiangping. Dynamic Analysis of a Pilot－operated Two－stage Solenoid Valve Used in

Pneumatic System [J]. Simulation Modelling Practice and Theory, 2009 (17): 794 - 816.

[136] Alizadehdakhel A., Rahimi M., Alsairafi A. A. CFD and experimental studies on the effect of valve weight on performance of a valve tray column [J]. Computers & chemical engineering, 2010, 34 (1): 1 - 8.

[137] Beune A., Kuerten J. G. M., van Heumen M. P. C. CFD Analysis with Fluid - structure Interaction of Opening High - pressure Safety Valves [J]. Original Research Article Computers & Fluids, 2012, 64 (15): 108 - 116.

[138] Zecchi M., Ivantysynova M. Cylinder Block/Valve Plate Interface - a novel Approach to Predict Thermal Surface Loads [C]. The 8th International Fluid Power Conference, Dresden, 2012.

[139] Deepika D., SCOTT S., BIRGIT K. Multi - domain modelling and simulation of a linear actuation system [M]. Pittsburgh: Ansoft Corporation, 2003.

[140] Wallace M. S., Dempster W. M., Scanlon T., etc. Prediction of impact erosion in valve geometries [J]. Wear, 2004 (256): 927 - 936.

[141] Le T. B., Sotiropoulos F. Fluid - structure interaction of an aortic heart valve prosthesis driven by an animated anatomic left ventricle [J]. Journal of computational physics, 2013, 244 (1): 41 - 62.

[142] Loon R. van, Anderson P. D., van de Vosse F. N. A fluid - structure interaction method with solid - rigid contact for heart valve dynamics [J]. Journal of computational physics, 2006, 217 (2): 806 - 823.

[143] Raoul van Loon, Patrick D. Anderson, Frank P. T. Baaijens. A three - dimensional fluid - structure

interaction method for heart valve modelling [J]. Mecanique, 2005 (333): 856 – 866.

[144] Hart J. De, Baaijens F. P. T, Peters G. W. M, etc. A computational fluid – structure interaction analysis of a fiber – reinforced stentless aortic valve [J]. Journal of Biomechanics, 2003 (36): 699 – 712.

[145] RUI CHENG, YONG G. LAI, KRISHNAN B. CHANDRAN. Three – Dimensional Fluid – Structure Interaction Simulation of Bileaflet Mechanical Heart Valve Flow [J]. Dynamics Annals of Biomedical Engineering, 2004, 32 (11): 1471 – 1483.

[146] Xie Yudong, Wang Yong, Liu Yanjun, etc. Unsteady Analyses of a Control Valve due to Fluid – Structure Coupling [J]. Hindawi Publishing Corporation Mathematical Problems in Engineering 2013 (7): Article ID 174731.

[147] Deng Jian, Shao Xue – Ming, Fu Xin, etc. A Evaluation of the viscous heating induced jam fault of valve spool by fluid – structure coupled simulations [J]. Energy Conversion and Management, 2009 (50): 947 – 954.

[148] 李德生, 荆建平, 孟光汽. 汽机阀壳瞬态温度场及应力场仿真分析 [J]. 汽轮机技术, 2008, 50 (1): 6 – 8.

[149] 宫恩祥, 夏天, 杨岩, 等. 基于热 – 结构耦合的旋转阀间隙分析 [J]. 排灌机械工程学报, 2014, 32 (8): 698 – 702.

[150] 吴泽豪, 杨文杰, 李公法, 等. 基于 Fluent 的蝶阀及执行机构温度场研究 [J]. 热加工工艺, 2013, 42 (3): 94 – 96.

[151] 林抒毅, 许志红. 基于 Ansys 的电磁阀三维温度场仿

真系统 [J]. 低压电器, 2012 (2): 1-4.

[152] 喻九阳, 郑鹏, 叶萌, 等. 高温蝶阀阀座温度分布和应力分析 [J]. 武汉工程大学学报, 2013, 35 (10): 46-51.

[153] 王宏光, 戴韧, 刘岩, 等. 超临界汽轮机阀壳的温度场和应力场计算分析 [J]. 上海理工大学学报, 2007, 29 (1): 75-78.

[154] 马承利, 李锋, 刘杰, 等. 不同温度条件下喷嘴挡板阀流场解析 [J]. 液压与气动, 2014 (9): 78-81.

[155] 曹芳. 大流量煤气压力调节阀流固耦合机理及动态特性分析 [D]. 济南: 山东大学, 2012.

[156] 刘建瑞, 李昌, 刘亮亮, 等. 高温高压核电闸阀流固热耦合分析 [J]. 流体机械, 2012, 40 (3): 16-20.

[157] 刘艳芳, 毛鸣狲, 徐向阳, 等. 液压电磁阀多物理场耦合热力学分析 [J]. 机械工程学报, 2014, 50 (2): 139-145.

[158] LIU Yanfang, DAI Zhenkun, XU Xiangyang, etc. Multi-domain modeling and simulation of a proportional solenoid valve [J]. Journal of Central South University of Technology, 2011 (5): 1589-1594.

[159] 刘晓红, 柯坚, 于兰英, 等. 液压滑阀径向间隙内温度分布的研究 [J]. 机床与液压, 2008 (11): 107-109.

[160] 刘晓红, 柯坚, 刘桓龙. 液压滑阀径向间隙温度场的 CFD 研究 [J]. 机械工程学报, 2006, 42 (5): 231-234.

[161] 李惟祥, 邓斌, 刘晓红. 液压滑阀内部温度特性的研究 [J]. 液压气动与密封, 2011, 31 (7): 16-19.

[162] 晏静江, 柯坚, 刘桓龙, 等. 液压滑阀阀芯温度场

的流固热耦合研究［J］．中国机械工程，2014，25
（6）：757－760．

［163］晏静江，周大海．基于 FSI 的液压滑阀阀芯稳态热分
析［J］．液压与气动，2012（8）：10－13．

［164］晏静江，周大海．基于 CFD 的液压滑阀阀芯表面
热效应分析［J］．机床与液压，2013，41（5）：
145－149．

［165］阎耀保，肖其新，闫世敏．温度对电液伺服阀的影
响分析［J］．流体传动与控制，2008（6）：23－26．

［166］冀宏，曹永，王建森，等．非全周开口滑阀的节流
温升与形变［J］．兰州理工大学学报，2011，37
（5）：56－60．

［167］李松．节流阀油流温升及阀芯变形研究［D］．杭
州：浙江大学，2008．

［168］王睿君．V 型节流阀油流粘性加热及结构热变形分
析［D］．杭州：浙江大学，2010．

［169］薛红军，许晓东，危敏，等．大通径滑阀缝隙流
场分析及试验研究［J］．船舶工程，2011，33
（3）：53－57．

［170］杨曙东，周元春，罗博，等．基于 ANSYS 的大通径
滑阀式换向阀配合间隙设计［J］．船舶工程，2011，
33（4）：32－35，55．

［171］李永林，李宝瑞，沈燕良，等．液压伺服阀的热力
学模型研究及数字仿真［J］．系统仿真学报，2009，
21（2）：340－343，347．

［172］马肖丽，秦贞超，周志鸿．基于 AMESim 的插装溢
流阀泄漏间隙分析［J］．液压气动与密封，2011
（10）：13－15．

［173］吕玥婷，权龙．液压滑阀液固热多物理场耦合分析
研究［J］．液压与气动，2014（12）：40－43，47．

[174] 王安麟，董亚宁，周鹏举，等. 面向液压滑阀卡滞问题的健壮性设计 [J]. 上海交通大学学报，2011，45（11）：1638 – 1642.

[175] 李永林，曹克强，徐浩军，等. 液压锥阀的热力学建模仿真与试验研究 [J]. 机械科学与技术，2010，29（11）：1521 – 1524.

[176] 王福军. 计算流体动力学分析——CFD 软件原理与应用 [M]. 北京：清华大学出版社，2005.

[177] 梁在潮. 工程湍流 [M]. 武汉：华中理工大学出版社，1997.

[178] Yakhot V., Orszag S. A. Renormalization Group Analysis of Turbulence [J]. Basic theory Jounral of scientific computing, 1986 (1)：39 – 51.

[179] Smith L. M., Reynolds W. C. On the Yakhot – osrzag Renormalization Group Method for Deriving Turbulences Statics and Models [J]. Physics of Fluid A, 1992, 4 (4)：364 – 390.

[180] 高红. 溢流阀阀口气穴与气穴噪声的研究 [D]. 杭州：浙江大学，2003.

[181] ANSYS help viewer [M]. SAS IP, Inc. 2012

[182] Zwart. P. J., Gerber A. G., Belamri T. A Two – Phase Flow Model for Predicting Cavitation Dynamics [C]. In Fifth International Conference on Multiphase Flow, Yokohama, Japan, 2004.

[183] Zwart P. J. Numerical Modelling of Free Surface and Cavitating Flows [R]. VKI Lecture Series. 2005.

[184] Schnerr G. H., Sauer J. Physical and Numerical Modeling of Unsteady Cavitation Dynamics [C]. In Fourth International Conference on Multiphase Flow, New Orleans, USA, 2001.

［185］Singhal A. K., Li H. Y., Athavale M. M., etc. Mathematical Basis and Validation of the Full Cavitation Model［C］. ASME FEDSM'01, New Orleans, Louisiana, 2001.

［186］Ashok K. Singhal, Mahesh M. Athavale, etc. Mathematical basis and validation of the full cavitation model［J］. Journal of fluids engineering, 2002（124）: 617 - 620.

［187］宋学官，蔡林，张华. ANSYS 流固耦合分析与工程实例［M］. 北京: 中国水利水电出版社，2012.

［188］GB/T 17213. 2—2005，工业过程控制阀［S］. 北京: 中国标准出版社，2005.

［189］权龙，李凤兰. 液压晶体管 Valvistor——可连续比例控制的新型插装阀［J］. 工程机械，1995（6）: 30 - 33.